不一样的元气简餐

〔日〕山本优莉 著　高莉 译

南海出版公司

Prologue

不一样的元气简餐

大家好，我是山本优莉。

从众多书籍中挑选了这本书的朋友，
对，就是站在那边、穿蓝色T恤、衣领上夹着小龙虾的那位。

> 到底是什么样的人啊？

非常感谢你们。

把自制果酱涂在天然酵母面包上，
在现磨咖啡的香气中开始新的一天。
餐桌上有根茎类蔬菜浓汤和漂着薄荷叶的香草茶……

> 咖啡配浓汤和香草茶，怎么喝得下？

这一系列描述美好生活的书终于迎来了第4本。

可惜刚才的描述不过是我的幻想。

不要说薄荷，我家连仙人掌也没有。

我就是这样的人——怕麻烦，笨手笨脚，经常半途而废。

不过，这本食谱收集了很多菜式，连我也很想做做看。

本书的特点

● 选用很容易买到、尽可能便宜的原料，任何人都能做出来的料理。
鱼露、意大利黑香醋、红葡萄酒醋、八角、罗勒……在保质期内很难用完的调味料一概不会用到。
像"5个蛋黄""1大杯鲜奶油"这种用不完不知道该怎么处理的东西，也会尽量避免。

● 调味料或者装饰性食材几乎都是会反复用到的。
只要备齐有限的几种调味料，整本书的菜式都适用。

> ※ 常用的有芝麻、黑胡椒碎、干欧芹和葱花。

● 好吃比什么都重要。
虽然简单，但并没有省去必要的步骤。
我要的不是"味道还行"，而是"哇，太好吃了"。

> ※ 只有大家都能做到的低难度准备工作，比如预先腌制入味，等等。

● 可以根据自己的口味调整食材和调味料的用量。
每个人口味不同，合口味的才是最好的。
比如，没有碎猪肉，用牛里脊肉也OK。
万一失败了，建议用爱迪生做实验的态度来面对。

> 牛里脊肉表示压力很大。

> ※ 失败是成功之母，为排除错误表扬自己。

● 很漂亮。
介绍了各种盛盘方法，即使是普通的白米饭，端上桌也能让人眼前一亮。

● 读起来轻松有趣。
偶尔有点无厘头，希望大家多多包涵。

姐妹们，这是我的第 4 本食谱了。

到目前为止，有很多朋友看过我的书，我感到非常高兴。

不过认真一想，其中有多少种菜大家会经常做呢？

也许很多菜式大家**只做过一次**吧。

我自己就是这样，所以才会这么猜测。

很想把做过的料理全部收入食谱中，

可有时也会觉得"这道菜有点麻烦，算了吧"。

> 让你们失望了吧，真是不好意思。

我对包、裹、卷这些手法真的很不擅长。

所以，在这本食谱中，我特别注意了"让人想要经常做"这一点，

收录了很多自己经常做，或者很容易做的菜式。

不受宠的菜式都被毫不留情地封杀了。

收入了不少被夸奖"好像热量很低呢"、让我怀疑听错了的菜式，

> 什么世道！

其中一半以上都是我的美食博客中没有的。

即使是博客中介绍过的菜式，也经过了改良，做起来更容易。

从第 1 本食谱到第 4 本，我经历了最初的不安，其间也曾松懈过，

现在我坚信，**第 4 本是目前为止最棒的！**

> 责编告诉我："偶数不吉利，4 这个数字就更……"
>
> 为什么呢？

读者朋友，如果您认同我的看法，我会很开心的。

要是有负面想法，您可以用颤音唱出来。

> 又不是歌剧演员。

"这本书里～完全没有一样想做的啊～～"

> 好受伤。我们还是去打棒球吧。

认真打好烹饪基础，耐心熬煮高汤，肯花功夫才是美味的秘诀，

我很珍视并且希望能把日本料理中的内涵传给后人。

可在日常生活中，很难餐餐如愿。

用便宜的食材、市售的高汤和软管装调味料做出的菜可能在颜色和搭配上稍有欠缺，

但我想只要大家吃得开心，就足够了。

为做菜而烦恼或者感到疲惫的时候，

如果您能打开这本书，决定"做做看吧"，或者"今天不做了，休息一下"，

然后从紧张的状态中放松下来，我就很开心了。

> 做得到吗？

现在，请您停下脚步，放松心情，坐下来翻开第一页吧。

新经典文化股份有限公司

www.readinglife.com

出　品

Contents

- 2 前言
- 5 **Part 1** 绝对是最受欢迎的20道菜
- 21 **Part 2** 让心情好起来的家庭式咖啡馆简餐
- 35 **Part 3** 随手就能完成的厨房小家电食谱
- 47 **Part 4** 日思夜想的饭&面
- 61 **Part 5** 有格调的小酒馆风味下酒菜
- 73 **Part 6** 吃不够的丰盛沙拉
- 85 **Part 7** 马虎一点也能做好的下午茶&甜点

recipe column

- 18 不用动刀的食谱
- 44 划算的食材 豆芽&鸡胸肉
- 58 微波炉冷冻乌冬面vs.面馆风味中华面
- 82 三明治

笑一笑 column

- 20 歌手兼作曲家食谱
- 34 求亲食谱
- 46 厨余食谱
- 60 莫名电子邮件食谱
- 72 少女漫画食谱
- 84 俱乐部集训食谱
- 94 开运吐司边食谱

- 32 山本优莉的18个问答
- 70 与烹饪无关的生活记事
- 95 后记

关于本书

* 1杯=200毫升，1大勺=15毫升，1小勺=5毫升，（大米）1合=180毫升。
* 微波炉的加热时间以600瓦的微波炉为参考。如果用500瓦的微波炉，加热时间需调整为标注的1.2倍。微波炉型号不同，加热效果也会有差异。
* 原料的用量和做法可适当调整。
  没有的食材可以不加，或者换成自己喜欢的食材。
* 本书也收入了一些与烹饪无关的内容和冷笑话，不感兴趣的朋友可以忽略。

Part 1
不一样的元气简餐

绝对是

最受欢迎的 20 道菜

欢迎来到这个熟悉的部分。
这里收录了我的美食博客中最受欢迎的菜式。
（※ 排名纯属虚构。）←打广告会被起诉的。

评选依据为博客的点击率和获得的好评数量，
名次按照由高到低的顺序排列。

另外，为了避免排名中连续出现鸡肉，
中间会穿插一些鱼肉或者其他菜式，
排行榜就是这样凑出来的。   暗箱操作！

每道菜都值得推荐。
例如，位列第 19、第 20 的菜式虽然看起来不够华丽，
但论实力的话，排在第 1、第 2 名也没问题。

这部分有自创的菜式，也有经过改良的家常菜。
不知道做什么菜时，请翻一翻这部分吧。

> 照烧风味的酥脆鸡肉，超好吃！老公边吃边笑呵呵地说"活着真好"。（苹果）

> 没有鸡腿肉就用了鸡胸肉，也很好吃，虽然没用油炸，却很酥脆。（民树）

> 好吃得像施了魔法！孩子们尝了一口，马上点头说"好吃"！（achan）

1位 酥脆甜咸味鸡肉

在本书中位列第一，可以肯定地说"嗯，非常好吃"。
为了保持酥脆的口感，一定要将鸡肉倒入酱汁中快速拌匀。

原料（2人份）

鸡腿肉 …………… 1块
A ┌ 姜末、蒜泥 …… 各 1/4 小勺
  └ 盐、胡椒粉 …… 少许
土豆淀粉、色拉油、炒白芝麻、黑胡椒碎 …… 适量

B ┌ 酱油 …………… 1½ 大勺
  │ 酒、砂糖、味醂 … 各 1 大勺
  │ 醋 …………… 1 小勺
  └ 黑胡椒碎 …… 1/2 小勺

C ┌ 土豆淀粉 …… 略少于 1 小勺
  └ 水 …………… 1 大勺

生菜、黄瓜、樱桃番茄 …………… 适量

> 如果用的是软管装的，挤一下就够了。

> 有点辣，根据个人口味添加。

做法

1. 把鸡腿肉切成方便食用的小块，用A腌制入味，然后裹一层土豆淀粉，用力握一下。
2. 在平底锅中倒入足量色拉油，加热，把鸡肉皮朝下放入锅中，煎成金黄色后翻面，转小火煎至鸡肉熟透，盛出备用。
3. 用厨房纸把平底锅擦干净，倒入B，小火煮沸后用混合均匀的C勾芡，关火。撒入芝麻，把鸡肉倒回锅中快速拌匀。
4. 盘中铺入生菜，盛盘，撒些黑胡椒碎，再点缀上切成片的黄瓜和樱桃番茄。

> "足量"是指比平时炒菜的油量多一些。煎熟后请彻底沥干油。

> 煮干了的话会变咸，所以煮到剩一点汤汁"咕嘟咕嘟"冒泡就关火。动作太慢来不及关火的话，再加些水也没问题。

Part 1
最受欢迎的20道菜

2位 嫩煎鸡胸肉

鸡胸肉裹了两层蛋皮，很有大阪烧的感觉，又有点像西式欧姆蕾蛋饼。

原料（2人份）

鸡胸肉…………………1块
盐、胡椒粉……………少许
小麦粉、色拉油………适量
A ┌ 蛋液……需2个鸡蛋
　└ 水………………2大勺
B ┌ 番茄酱、英国辣酱油①、
　└ 蛋黄酱……各1大勺
生菜、番茄……………适量
蛋黄酱（根据口味添加）
　………………………适量

做法

1. 将鸡胸肉较厚的部分片开，使整块肉厚薄均匀。用刀背敲打至肉片延展开，抹适量盐和胡椒粉，再裹上小麦粉。
2. 在平底锅中倒入2小勺色拉油，加热。将鸡胸肉裹上适量混合均匀的A，放入锅中煎至两面金黄后盛出。
3. 在锅中加入1大勺色拉油，放入剩下的A煎成蛋皮，把鸡胸肉放在上面包起来。
4. 盛盘，点缀上生菜和切成片的番茄，淋上混合均匀的B，再根据个人口味挤适量蛋黄酱。

轻轻敲打即可。敲打是指用刀背纵向、横向或斜着拍打鸡胸肉，让肉片延展开。

没有完全包住也没关系，后面还要淋酱汁。

> 8岁的女儿很喜欢，嚷着说明天还想吃呢。
> （Robin）

> 家里的小小三兄弟说："以后还想吃！做这道菜的人真是天才！"（笑）
> （日向）

> 老公敲打鸡肉的样子很帅，看起来好像很会做菜呢。
> （aja）

3位 凉拌芝麻牛油果

下酒小菜风味的凉拌牛油果，3分钟就能做好。
※ 前提是省去栽培和进口牛油果的时间。
牛油果容易氧化变黑，请一定要现吃现做。

原料（2人份）

牛油果…………………1个
A ┌ 酱油………略少于1大勺
　│ 砂糖、醋……各1/2大勺
　│ 芝麻油……………1/2小勺
　└ 蒜泥………………1/4小勺
炒黑白芝麻……………各1小勺

做法

1. 将牛油果对半切开，去核去皮，切成片。
2. 把混合均匀的A加入牛油果中，拌匀。
3. 盛盘，撒上芝麻。

> (((o(*°▽°*)o))) 感动~~
> （matsun）

> 香味浓郁的芝麻搭配牛油果，太好吃了！
> （pakaru）

> 加一些金枪鱼，味道会更好。（可惜没有啊！）

① Worcester sauce，也称伍斯特沙司，一种英国调味料，味道酸甜微辣，主要用于肉类和鱼类的调味。

肉酿茄子乳酪烧

4位

做法看起来挺复杂,而且肉也太少了。(前言不搭后语。)
为避免肉馅从茄子块上掉下来,请在茄子块表面挖一个小坑,把肉馅填进去。
就像做肉酿茄子那样。(这不就是肉酿茄子吗?)

原料 (1~2人份)

茄子(小个儿的) ……………… 2根
A ┌ 猪绞肉 ……………………… 80克
  │ 土豆淀粉、酒 …………… 各1大勺
  └ 盐、胡椒粉 ………………… 少许
色拉油 …………………………… 1大勺
乳酪片 …………………………… 2片
B ┌ 番茄酱、英国辣酱油
  │ ……………………………… 各2大勺
  └ 酒 ………………………… 1小勺
生菜、干欧芹 …………………… 适量

做法

1. 把茄子表皮纵向削成条纹状,然后横切成3~4块,用勺子在切面挖个浅浅的坑。
2. 把挖出来的茄子切碎,加入混合均匀的A中拌匀,填入茄子块的坑中。
3. 平底锅中倒入色拉油加热,将茄子块填了馅料的一面朝下放入锅中,煎至馅料呈金黄色后翻面,盖上锅盖,用小火煎熟。在馅料上放上撕碎的乳酪,盖上锅盖,关火。
4. 盘中铺入生菜,盛入③。把B倒入锅中,稍微煮一下后淋在③上,再撒些干欧芹。

> 把茄子块挖通了也没问题。要预先切去茄子两端。

> 加入1/4杯水,更容易煮熟。

> 轻轻松松就做好了。(梅尔)

> 母亲大人说很好吃。(ayana)

> 做起来很有趣,茄子里塞了满满的肉。乳酪融化后萌萌哒。♡都化了。(小昌)

5位 照烧酱炒五花肉

只不过在普通的甜咸味酱汁中加了黑胡椒碎，居然变得这么好吃，为什么以前没有想到呢？

原料（2人份）

猪五花肉片 ········· 250克
A ┌ 酒、砂糖、酱油 ········ 各1大勺
  │ 味醂 ············ 1/2 大勺
  └ 蒜泥、姜末 ········· 各1/4 小勺
黑胡椒碎 ············· 少许
葱花、炒白芝麻 ········· 适量

做法

1. 把猪肉切成方便食用的小片。
2. 不用倒油，加热平底锅，放入肉片，煎至金黄色后翻面，同时用厨房纸吸去锅中油脂。加入混合均匀的A，炒匀。
3. 盛盘，撒上葱花和芝麻。

> 口感甜甜的，可根据个人口味增减砂糖用量。不过我觉得这个甜度正好。

> 建议加入洋葱一起炒。

> 会煎出大量油脂，可以适当吸去一些。

> 用了软管装的蒜泥和姜泥，各挤了1厘米多一点，做出来很好吃！加了些洋葱，做了一大碗盖饭。（小龟）

> 加了洋葱做的，胡椒粉和这道菜很配呢！很快就做好了，真棒！（pakaru）

6位 黏软卷心菜卷

要把卷心菜煮到用筷子也能撕开，办法只有一个→煮久一点。
顺便提一下，以前外婆做的卷心菜卷，肉陷十有八九会漏出来。

原料（2人份·4个）

卷心菜叶（大片） ····· 4片
洋葱 ··············· 1/4 个
色拉油 ············· 适量
面包糠、牛奶 ······ 各3大勺
A ┌ 猪肉牛肉混合绞肉 ···· 200克
  └ 盐 ·············· 少许
鸡蛋 ··············· 1个
B ┌ 固体汤块 ········· 1个
  └ 水 ·············· 250毫升
干欧芹（根据口味添加） ··· 适量

做法

1. 锅中倒入水，放入卷心菜叶煮至菜梗变软，捞出，削薄菜梗。
2. 把洋葱切碎，放入耐热容器中，加少量色拉油，松松地盖上保鲜膜，放入微波炉加热2分30秒，取出。面包糠用牛奶泡一下。
3. 充分搅拌A，打入鸡蛋，加入②拌匀，分成4等份，分别用卷心菜叶卷好。
4. 锅中倒入少量色拉油，将菜卷收口朝下放入锅中，紧密排好，开大火，煎至菜卷两面上色，加入B，盖上锅盖，转小火煮近1小时。
5. 盛盘，根据个人口味撒些干欧芹。

> 从菜梗较粗的位置入刀削薄，这样菜叶不易裂开。卷心菜煮软后很容易卷起来。

> 将卷心菜一端折起，包住肉馅，向另一端紧紧卷起。卷制时菜叶裂开也不要紧，继续卷即可包住肉馅。

> 比第一次（好几年前）做的好吃多了。菜卷也没有散开。（mayuki）

> 软软的菜卷搭配汤，再合适不过了！（加奈子）

差不多7位

芥末籽酱煎鸡肉

只需把鸡肉放入保鲜袋中腌制入味,然后煎熟即可,非常简单的快手菜。
只用芥末籽酱腌制的话,味道过于浓烈,加了砂糖和酱油,味道会柔和一些,适合配米饭。
※ 蔬菜煎熟后释放出了自然的甜香。

原料（2人份）

- 鸡腿肉 …………………… 1块
- A
  - 芥末籽酱 …………… 1½ 大勺
  - 酒、色拉油或橄榄油 …… 各1大勺
  - 砂糖、酱油 ………… 各½ 大勺
  - 蒜泥、盐、胡椒粉 … 各¼ 小勺
- 色拉油 …………………… ½ 大勺
- B
  - 南瓜片或茄子片、樱桃番茄 ………………………… 适量
- 生菜 ……………………… 适量

做法

1. 把鸡腿肉较厚的部分片开，使整块肉厚薄均匀。将鸡肉连A一起装入保鲜袋中，腌制1小时。
2. 平底锅中倒入色拉油加热，把鸡肉皮朝下放入锅中，煎至金黄色后翻面，用中小火煎至熟透。把鸡肉拨到平底锅一边，放入B煎熟。
3. 盘中铺入生菜，盛盘。

> 腌制1晚也可以。建议套用两层保鲜袋，以免保鲜袋破裂，酱汁流出。

> 让鸡肉沾裹上锅底的酱汁，看起来会更加软嫩多汁。

> 鸡肉也可以不煎，放入预热至220℃的烤箱烤20分钟。同时用平底锅煎一下配菜，这样更简便。

> 我家冰箱里孤独地躺着一瓶芥末籽酱，直到今天我才看了下保质期。幸好遇见了这份食谱！ (Vega)

> 真的很好吃，看起来很像精工细作的菜呢！ (绫野)

> 本来以为刚满周岁的女儿可能咬不动，没想到她吃得津津有味！做起来简单快捷，帮了我大忙。 (hytomymam)

酥炸胡萝卜

8位

这道菜可以说是我的最爱,没有之一。
胡萝卜腌制入味后炸一下,就成了美味的小吃,好吃得停不下来。
即使是讨厌吃胡萝卜的人,想必也无法抗拒。(听起来很自信啊!)

原料（2人份）

胡萝卜（小个儿的）……1根
A ┌ 酱油……………1大勺
　 │ 酒………………1/2大勺
　 │ 芝麻油…………1小勺
　 └ 蒜泥、姜末……各1/4小勺
土豆淀粉、煎炸油……适量
盐、胡椒粉……………少许

做法

1. 把胡萝卜切成粗条,连A一起放入保鲜袋中,腌15～30分钟后裹上土豆淀粉。
2. 在平底锅中倒入5毫米深的煎炸油,放入胡萝卜条,用中小火炸熟。
3. 盘中铺上厨房纸,盛盘,撒上盐和胡椒粉。

> 胡萝卜无须削皮。裹粉时,淀粉和酱汁会混合成糊状,成为一层面衣。

> 不时用筷子拨动一下胡萝卜,以免粘连。

> 用同样的调味料做了炸芋头,也很好吃。(mjuk)

> 超好吃!炸好后颜色太诱人了。(air☆)

> 一向讨厌胡萝卜的老公边吃边说好吃,几口就吃光了。(richiya)

普罗旺斯炖菜

9位

砂糖和酱汁调和了番茄酱的酸味,成品口感柔和。
除了番茄,其他蔬菜可以根据个人喜好增减用量。

原料（2人份）

冷冻南瓜………………2片
番茄、青椒……………各1个
大蒜……………………1/2瓣
洋葱……………………1/4个
茄子（小个儿的）……1根
橄榄油或者色拉油……1大勺
盐………………………1小撮
A ┌ 番茄酱………………1大勺
　 └ 清汤味精、砂糖、英国辣酱油……各1小勺
干欧芹（根据口味添加）……适量

做法

1. 南瓜解冻,和番茄一起切成1.5厘米见方的小块,大蒜切碎。
2. 青椒去蒂去籽,和洋葱、茄子一起切成1.5厘米见方的小块。
3. 平底锅中倒入橄榄油,放入大蒜,小火炒香后立刻放入②翻炒。撒入盐,炒至蔬菜变软后加入番茄和A,炒匀后加入南瓜煮5分钟。关火放凉。
4. 盛盘,根据口味撒些干欧芹。

> 可以冷冻保存。请搭配面包、米饭、意大利面或烤鲐鱼享用。(哪里冒出来的鲐鱼?)

> 妈妈夸我"厨艺不错啊"(笑),她不知道其实是因为这道菜简单。(小风)

> 以前也做过,味道记不清了,似乎水加多了,结果你懂的。用你的配方做出来太好吃了,感动得快流泪了(笑)。(piraco)

> 喜欢脆嫩口感的话,无须炖煮,快速翻炒即可。炖煮后口感更绵软。

肉末茄子配溏心蛋

经典的家常菜,熟悉的甜咸味让人安心,相当受欢迎。
茄子煮得软软的,让人无法抵挡。
我用的是市售的溏心蛋,很抱歉~(还能怎么办,当然是原谅你了。)

原料 (2人份)

茄子(小个儿的)	3根
色拉油	2小勺
A 酒、酱油、味醂	各1大勺
A 砂糖	1小勺
A 日式清汤味精	1/2小勺
A 蒜泥、姜末(根据口味添加)	各1/4小勺
A 水	120毫升
猪肉牛肉混合绞肉或猪绞肉	80克
B 土豆淀粉	1小勺
B 水	1大勺
溏心蛋	1个
葱花	适量

做法

1. 茄子切滚刀块,放入水中泡一下,捞出擦干。
2. 在平底锅中倒入色拉油加热,放入茄子翻炒一下,加入A煮沸。均匀地撒入绞肉,盖上锅盖煮至水分蒸发,用混合均匀的B勾芡。
3. 盛盘,打入溏心蛋,撒上葱花。

> 怕麻烦的话,茄子无须浸泡,直接翻炒即可。味道好像没什么差别。

> 茄子可以先用油拌匀再炒,这样表皮不容易炒焦。

> 关火,将B画圈淋入锅中,再开火拌匀。

> 撒了些芝麻,配上冰箱里剩的水菜,做了一大碗盖饭,老公大赞。好开心哦!非常感谢山本小姐!
> (羊驼)

> 做了好几次了,每次都忘记用水淀粉勾芡(笑),不过还是非常好吃!
> (特浓4.5)

推定出的 11位 咸酥炸鸡肉

把酥炸鸡肉做成了咸味的,意外地好吃。
鸡肉用少许调味料腌制入味,炸好后撒些胡椒粉和盐,
享受盐粒在舌尖溶化的微妙感觉。还可以试试做咸味炸薯条。

原料 (2人份)

鸡腿肉	1块
A { 酒	1大勺
盐、蒜泥	各1/4小勺
砂糖	1小撮
黑胡椒碎	少许
土豆淀粉、煎炸油	适量
盐、胡椒粉	少许
生菜、樱桃番茄	适量

做法

1. 把鸡腿肉切成方便食用的小块,用A腌制30分钟,然后裹上土豆淀粉。
2. 在平底锅中倒入1厘米深的煎炸油,加热至170℃,放入鸡肉炸熟,捞出后趁热撒上盐和胡椒粉。
3. 盘中铺入生菜,盛盘,点缀上樱桃番茄。

> 油温可以目测,当油从中央向四周翻滚时,大约就是170℃。鸡肉用中小火炸5~6分钟就熟了。

> 偶尔换换口味也不错呢!刚好有花椒,就用它代替了黑胡椒~ (ajapar)

> 喜欢咸味的,已经被这道菜俘虏了(笑)。(chanrio)

妈妈说的 12位 干烧鲐鱼

> 葱叶的造型有种凌乱的美。

经典的干烧法,酱油口味的鲐鱼。
口感清淡微甜,汤汁是熟悉的家常味道。
可根据个人口味调整砂糖和味醂用量。
鲽鱼或沙丁鱼也很适合用这种方法烹饪。

原料 (2人份)

生姜	1片
A { 酒	1/4杯
砂糖、酱油、味醂	各2大勺
水	1杯
鲐鱼	2块

> 水量较大,煮4块鲐鱼也没问题。如果用小锅做,请把水量减半。

做法

1. 把生姜切成片。
2. 锅中放入A和姜片,开火煮沸后放入鲐鱼,盖上锅盖,用中小火煮7~8分钟,其间不时翻拌一下。

> 真好吃,没有一点鱼腥味(*^_^*),不知道是我的味觉太迟钝,还是其他原因。(小昌)

> 平时对腥味很敏感,可这次都吃光了,完全没感觉到呢。~('▽`)ノ (小麻美)

> 去除鱼腥味的秘诀是水煮沸后再放入鱼。如果嗅觉太敏感,可以把鲐鱼放入热水中焯一下再煮,怕麻烦的话就学着适应吧。

传言第 13 位 包烤肉饼

用平底锅把肉饼煎至上色，然后用锡纸包好放入烤箱烘烤，这就是"包烤"。成品松香软嫩，卖相也很诱人。

> 男友过生日时给他做了这道菜，他大赞，说这是他最喜欢的菜！\(^o^)/
> （夏美）

原料（2人份）

- 蟹味菇 …………………… 1/2 包
- 洋葱 ……………………… 1/4 个
- 色拉油、马苏里拉乳酪 …… 适量
- 面包糠、牛奶 ………… 各 3 大勺
- A 猪肉牛肉混合绞肉 … 250 克
    盐 ……………………… 少许
- 鸡蛋 ……………………… 1 个
- B 番茄酱 ………………… 4 大勺
    英国辣酱油 …………… 3 大勺
    红葡萄酒或酒 ………… 2 大勺
    味醂 …………………… 1/2 大勺
    速溶咖啡粉 …………… 少许
    水 …………………… 1/4 杯
- 干欧芹、面包（根据口味添加） ……………………… 适量

做法

1. 蟹味菇切去根部。
2. 洋葱切碎。在平底锅中倒入 2 小勺色拉油加热，放入洋葱炒至变色，放凉。面包糠用牛奶泡一下。
3. 充分搅拌 A，打入鸡蛋、加入②，拌匀后分成两等份，捏成肉饼。
4. 在平底锅中倒入 1/2 大勺色拉油加热，放入肉饼，煎至金黄色后翻面，用小火再煎 3～4 分钟。把肉饼盛入铺了锡纸的耐热容器中。
5. 把平底锅擦干净，放入蟹味菇翻炒一下。加入 B 煮至变稠后淋在肉饼上，撒上乳酪，把锡纸包好，放入预热至 200℃ 的烤箱烤 20 分钟。根据口味撒些干欧芹，搭配面包享用。

> 少许即可，否则成品口感苦涩。放多了的话请及时盛出。（什么？！）

> 悄悄告诉你，其实也可以不用锡纸，直接放入耐热容器中，请保密。

> 圣诞节时做的，没想到我也能做这种有技术含量的菜，而且很好吃。打开锡纸时听到孩子们的欢呼，也许这就是包烤的乐趣吧！
> （☆ fujiko ☆）

大家都爱的 第 14 位 煎白萝卜配脆炒培根

口感丰富的豪华版煎白萝卜，搭配了香脆的培根和芝麻。白萝卜要预先煮熟，用微波炉加热很方便。

原料（2人份）

- 白萝卜 ……… 10 厘米长的 1 段
- 培根 ……………………… 1 片
- 色拉油 …………………… 2 小勺
- A 酱油 ………………… 1½ 大勺
    砂糖、味醂 ……… 各 1 大勺
- 萝卜苗、炒白芝麻 ………… 适量
- 溏心蛋 …………………… 2 个

做法

1. 白萝卜去皮，切成 2～3 厘米厚的圆片，切面划一个十字，放入耐热容器中，松松地盖上保鲜膜，放入微波炉加热 5 分钟。取出，擦干表面的水分。
2. 把培根切成条，在平底锅中倒入色拉油加热，放入培根炒至酥脆，盛出备用。放入白萝卜煎至两面上色，加入 A 拌匀。
3. 盛盘，点缀上溏心蛋和萝卜苗，撒些芝麻。

① 可自制，将柠檬汁与浓口酱油按 0.75:1 的比例混合，静置 1 个月即可。

> 萝卜加热到可以用竹签顺利穿透即可。

> 也可以不用 A 调味，直接在成品上撒些木鱼花，然后淋适量橙醋①或蘸面汁。

> 简单易做，很喜欢这个味道！最后把盘子里剩的酱汁和溏心蛋拌着米饭吃光了，心满意足！(^ω^)
> （chyoko）

> 清甜的萝卜和香脆的培根简直是绝配，很好吃！（叶月）

> 绝妙的美味协奏曲！（小友）

第15位 凭直觉选的 肉酿青椒

不用切洋葱，也不用煮溏心蛋的简单小菜。
加入调味汁炖煮入味即可，无须另外搭配酱汁。

按山本小姐的配方做的，比以前做的都好吃(-^□^-)。用剩下的绞肉做了肉酿茄子，也很好吃。♪
(猫飞)

原料 (6个)

青椒	3个
土豆淀粉	适量
A	猪肉牛肉混合绞肉或者猪绞肉 150克 面包糠、牛奶 各3大勺 番茄酱 1大勺 盐、胡椒粉 少许
色拉油	2小勺
B	酱油、味醂 各1½大勺 水 1/4杯
炒白芝麻	适量

做法

1. 青椒纵向对半切开，去蒂去籽，内侧薄薄地撒一层土豆淀粉。把A充分混合，填入青椒中。
2. 在平底锅中倒入色拉油加热，把①肉馅朝下放入锅中，煎至肉馅焦黄。加入B，半掩锅盖，小火煮7~8分钟后翻面，煮至水分蒸发。
3. 盛盘，撒上芝麻。

在青椒中填满肉馅，中央稍稍凸起，然后向四周抹平。

如果水分蒸干，但青椒尚未变软，可适量加些水。

即使肉馅和青椒分离，也一样美味。

第16位 据观察所 味噌乳酪风味鲑鱼炒蔬菜

很简单的菜式，翻炒时动作要快，锵锵有声那种。
咸鲜的味噌搭配乳酪，调和出无法抗拒的美味。
不喜欢豆瓣酱的话，也可以不加。

本来打算做给老公当午餐便当，结果刚做好他就吃光了。只好又做了一份。(˚p˚)☆
(半平)

一向讨厌青椒的老公也很喜欢呢！(*´∀`*) (桃子)

原料 (1~2人份)

新鲜鲑鱼	1块
盐、胡椒粉	少许
卷心菜叶	2片
色拉油	适量
豆芽	1/2袋
A	味醂、味噌 各略少于1大勺 酱油、豆瓣酱 各1/2小勺
乳酪片	2片

做法

1. 鲑鱼撒上盐和胡椒粉，卷心菜撕成方便食用的小片。
2. 在平底锅中倒入2小勺色拉油加热，放入鲑鱼煎至两面金黄后拨到一边。空处倒入2小勺色拉油，放入卷心菜和豆芽翻炒。
3. 加入A拌匀，用木铲把鲑鱼切分成方便食用的小块。炒至蔬菜变软后关火，放入乳酪片，盖上锅盖，利用余热使其融化。

可根据个人口味加些蒜泥。

好震撼！鲑鱼居然还有这样的吃法，而且还搭配味噌和乳酪？抱着怀疑的态度尝了一口……我错了，不该怀疑你。这样的组合简直是绝配！
(miyupy)

蛋黄酱炒虾仁土豆

非常受欢迎的一道菜。嫩滑的虾仁，香软的土豆，拌上略带焦黄的蛋黄酱和烤肉酱，色香俱全，让人垂涎。

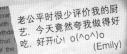

老公平时很少评价我的厨艺，今天竟然夸我做得好吃，好开心! o(^o^)o
(Emily)

超美味，吃完还想吃（笑）。孩子们也吃得很开心，真是太感谢了！（柚子茶☆）

用鸡肉代替虾，成品也很美味。

| 原料 |（2人份）|

虾………………8只
A ┌ 酒………………1大勺
　 └ 土豆淀粉………1小勺
B ┌ 酒………………2小勺
　 └ 盐、胡椒粉……少许
土豆……………2个
色拉油、土豆淀粉、紫苏叶、
炒黑芝麻………适量
C ┌ 蛋黄酱…………2大勺
　 └ 烤肉酱（市售）
　　　　　　……1大勺

| 做法 |

1. 虾去壳，从背部切开，挑去虾线。用A腌一下后洗净擦干，再用B腌制入味。
2. 土豆洗净，无须擦干，用保鲜膜包好，放入微波炉加热3～5分钟。去皮，切成方便食用的小块。
3. 在平底锅中倒入足量色拉油加热，放入裹上土豆淀粉的虾，炸成金黄色后捞起。放入土豆炸至上色，把虾放回锅中，加入C拌匀。
4. 盛盘，撒上撕碎的紫苏叶和芝麻。

也许有人会问，用A腌制入味后为什么还要洗，这样可以洗去脏污，并且让虾肉保持弹性。

鸡肉派

派皮口感酥脆，用炖菜做的馅料松软入味。
预热烤箱时，把半解冻的派皮简单擀两下，烘烤时更容易膨胀。
即使派皮没有膨胀起来，也依然美味。
炖菜吃不完时，可以试做一下。

| 原料 |（适用4个直径8厘米的耐热容器）|

洋葱………………1/4个
蟹味菇……………1/3包
鸡腿肉……………150克
盐、胡椒粉………少许
黄油或人造黄油
　　　……略多于1大勺
小麦粉……………2大勺
A ┌ 牛奶……………2杯
　 └ 固体汤块………1个
冷冻派皮…………1张
蛋黄、蛋清…需1个鸡蛋

| 做法 |

1. 洋葱切片，蟹味菇去根。
2. 把鸡腿肉切成1.5厘米见方的小块，撒上盐和胡椒粉。
3. 在平底锅中放入黄油加热，放入①炒至蔬菜变软。加入鸡腿肉，炒至上色，撒入小麦粉，拌匀后加入A，边煮边用木铲搅拌成黏稠状态。静置冷却，盛入耐热容器中，七分满即可。
4. 把半解冻的派皮分成4等份，用擀面棒擀成比耐热容器稍大的圆片，边缘刷上蛋清，盖在③上，再刷一层蛋黄液。放入预热至210℃的烤箱，烘烤10分钟后将温度调至180℃，再烤3～5分钟。

粗枝大叶的我也轻轻松松做成功了！第一次给男友做菜，他吃得很开心。(●´ω`●) (uni)

去年试做失败，今年按照你的食谱来做，派皮真的鼓起来了！还好我勇于尝试。(≧▽≦) (YU)

七分满即可，留出空间可以使派皮充分膨胀。刚煮好的馅料中含有大量水蒸气，会影响派皮膨胀，请务必放凉。

怕麻烦，所以没有把派皮修整成圆形。

或许和 19位 涮肉片佐葱香酱汁

将烫过的肉片晾至温热,然后淋上葱香咸味酱汁。
五花肉富含油脂,烫煮时撇去了浮油,酱汁中的油量也有所减少。
酱汁用微波炉加热过,不喜欢生葱味道的朋友也可以安心享用。

> 用沸水煮,再浸入冰水中,肉片会变硬。因此要用热水烫熟,然后浸在水中晾至温热。

原料(2人份)

猪五花肉片或者牛里脊肉片
（火锅用）…………200克
酒……………………2大勺
A [葱花……………适量
　　芝麻油…………1大勺
　　鸡精……………1/2小勺
　　黑胡椒碎………1/4小勺
　　盐………………1小撮]
热水或水……………1大勺

做法

1. 把肉片切成方便食用的小片。锅中倒入4杯水煮沸,加入酒,再次煮沸后加1杯水,放入肉片煮至变色,立刻关火,撇去浮油。
2. 把A倒入耐热容器中,松松地盖上保鲜膜,用微波炉加热1分钟后拌匀,加入热水,再次拌匀。
3. 把肉片捞出沥干,盛盘,盛上②。

> 先是小学4年级的女儿说"真好吃",然后儿子和老公也跟着唱:"真的很好吃啊~" (HEE)

> 用生菜卷着吃的。老公一直喜欢吃铁板煎肉片,这次居然说涮肉片也很好吃。 (ribbon)

中心情决定的 20位 香煎鲑鱼佐葱香蛋黄酱

看起来很像油炸食品,其实含油量不高,
做起来也比油炸简便。
酱汁有种特别的美味,喜欢的话请大力表扬我~

> 吃的时候又挤了点柠檬汁。能想出单面面衣,实在是太厉害了。 (mikatuki)

原料(2人份)

新鲜鲑鱼……………2块
盐、胡椒粉…………少许
A [小麦粉、水
　　　………各1大勺]
面包糠………………适量
色拉油………………1大勺
B [蛋黄酱、牛奶
　　　………各2大勺
　　砂糖………略少于1小勺
　　葱花……………适量]
C [生菜、黄瓜、番茄
　　　………………适量]
葱花…………………适量

做法

1. 鲑鱼抹上盐和胡椒粉,腌10分钟。单面抹上混合均匀的A,粘上面包糠。
2. 在平底锅中倒入色拉油加热,将鲑鱼粘有面包糠的一面朝下放入锅中,煎成金黄色后翻面,继续煎至熟透。
3. 盛盘,淋上混合均匀的B,点缀上C,再撒些葱花。

> 单面粘面包糠更方便,而且热量比较低。

> 煎至金黄色后也不要触碰,以免面包糠掉落。

> 好像和普通的酱汁不同……仔细看了原料才明白,原来加了砂糖啊。您真不愧是调味魔术师! (demain)

recipe column ①

不用动刀的食谱

不想用菜刀，不想洗砧板，没有切菜的地方，喜欢食材的触感……
满足各位以上需求的菜式都齐集在此了。

芙蓉蟹

原料（2人份）

- 鸡蛋 …………………… 3个
- 蟹棒 …………………… 50克
- 色拉油 ………………… 适量
- A ┌ 蒜泥、姜末 ……… 各1/4小勺
- B ┌ 鸡精、酒 ………… 各1/2大勺
  │ 砂糖 ……………… 1小勺
  │ 酱油、醋 ………… 各1/2大勺
  └ 水 ………………… 3/4杯
- C ┌ 土豆淀粉 ………… 略少于1大勺
  └ 水 ………………… 2大勺
- 芝麻油 ………………… 1/2小勺
- 青豌豆 ………………… 适量

> 蟹棒颜色好看，所以好吃。(什么逻辑？)

做法

1. 把鸡蛋打入碗中，加入2大勺水打散。
2. 把蟹棒撕成丝。在平底锅中倒入1小勺色拉油加热，放入蟹肉丝和A，炒香后倒入蛋液中拌匀。
3. 在平底锅中再加入1大勺色拉油加热，把②倒回锅中，简单翻拌一下，炒至五分熟后关火，盛入碗中。
4. 在平底锅中倒入B，煮沸后用混合均匀的C勾芡。加入芝麻油，再次煮沸后盛入③中，点缀上青豌豆。

> 青豌豆是我从什锦杂菜包里挑出来的。

葱香豆芽猪肉煎饼

原料（2人份）

- 香葱 …………………… 适量
- A ┌ 豆芽 ……………… 1/2袋
  │ 蛋液 ……………… 需1个鸡蛋
  │ 小麦粉、土豆淀粉 … 各1大勺
  │ 日式清汤味精 …… 1/2小勺
  │ 盐 ………………… 1/4小勺
  │ 胡椒粉 …………… 少许
  └ 面酥 ……………… 2大勺
- 色拉油 ………………… 2小勺
- 碎猪肉 ………………… 50克
- 日式煎饼酱或炸猪排酱、蛋黄酱、木鱼花（按口味添加）……… 适量

做法

1. 把香葱撕成小段，加入A中拌匀。
2. 在平底锅中倒入色拉油加热，把①倒入锅中摊成圆形，铺上猪肉，盖上锅盖，用中小火煎至豆芽变软，翻面煎至熟透。
3. 盛盘，挤上日式煎饼酱和蛋黄酱，点缀上木鱼花。

> 主要原料是豆芽，面粉含量极少，满足轻食的需求，很适合搭配下午茶。

松软的油炸鱼豆腐

原料（2人份）

- 金枪鱼罐头 …………… 1小罐
- A ┌ 酱油、砂糖 ……… 各1小勺
- B ┌ 炸豆腐 …… 1块（150～200克）
  │ 土豆淀粉 ………… 略多于1大勺
  │ 盐、胡椒粉 ……… 少许
  └ 玉米粒 …………… 2大勺
- 煎炸油 ………………… 适量
- 生菜 …………………… 适量

> 连皮一起捏碎。

做法

1. 金枪鱼罐头沥干，加入A拌匀。加入B，边混合边用手捏碎食材，整形成小圆块。
2. 在平底锅中倒入5毫米深的煎炸油，加热至170℃，将①码放入锅中，煎至两面金黄，其间不时翻动一下。
3. 盛盘，点缀上生菜。

> 含有少量水分，裹适量淀粉可避免油滴飞溅。煎制时注意不要触碰面衣，以免脱落。

> 可根据个人口味滴几滴酱油。

韩式豆腐汤

原料 (2人份)

色拉油	2 小勺
A 豆芽	1/3 袋
白菜泡菜	30 克
姜末	1/4 小勺
豆瓣酱	1/2 小勺
B 味噌	略多于 1 大勺
砂糖、酱油、日式清汤味精	各 1 小勺
水	2 杯
烤豆腐	1/2 块
碎猪肉	100 克
芝麻油	1 小勺
香葱叶	适量

做法

1. 在平底锅中倒入色拉油加热,放入 A 炒香,再加入豆瓣酱炒匀。
2. 加入 B 煮沸,放入切成小块的烤豆腐和碎猪肉,煮至猪肉变色,关火,淋入芝麻油。
3. 盛盘,把香葱叶撕成小段撒在上面。

> 徒手撕香葱,有点粗鲁啊。

> 没有烤豆腐的话,普通豆腐也 OK。煮好后静置一会儿,入味后更好吃。

奶油鲑鱼

原料 (2人份)

新鲜鲑鱼	2 块
盐、胡椒粉	少许
色拉油	1 小勺
杏鲍菇(大个儿的)	1 根
灰树花菇	1/2 包
黄油或者人造黄油	1 大勺
小麦粉	略少于 1 大勺
A 牛奶	1 杯
清汤味精、盐、胡椒粉	少许
干欧芹	适量

做法

1. 鲑鱼撒上盐和胡椒粉。在平底锅中倒入色拉油加热,将鲑鱼放入锅中,煎至金黄后翻面,继续煎至熟透,盛盘。
2. 杏鲍菇和灰树花菇用手撕成条。把平底锅简单擦拭一下,放入黄油加热,融化后放入灰树花菇炒香,盛在鲑鱼上。
3. 在杏鲍菇中撒入小麦粉,拌匀后倒入锅中,加入 A,边煮边搅拌,煮至变稠后倒在②上,撒些干欧芹。

> 灰树花菇留在锅中的话,加牛奶煮制时牛奶会变色。

绞肉卷心菜烤番茄鸡蛋

> 整罐番茄罐头的用量有点多,3 个人吃都足够了。

原料 (2人份)

猪绞肉	100 克
盐、胡椒粉	适量
卷心菜叶	2～3 片
A 番茄块罐头	1 罐
砂糖、味噌、味醂、英国辣酱油	各 1 大勺
盐	1/4 小勺
水	1/4 杯
鸡蛋	2 个
面包糠、乳酪粉	适量

做法

1. 不用倒油,加热平底锅,放入猪绞肉翻炒。撒少许盐和胡椒粉,炒至绞肉变色,加入撕成小片的卷心菜炒匀。
2. 炒至卷心菜变软后,加入 A 煮至汤汁变稠,撒少许盐和胡椒粉调味。
3. 把②倒入耐热容器中,打入鸡蛋,均匀地撒上面包糠和乳酪粉,放入烤箱烤至表面微焦。

笑一笑 column 1

歌手兼作曲家食谱

酥脆鸡肉条

原料（2人份）

鸡胸肉 …………………… 4 块

A
- 蛋液 …………… 需 1 个鸡蛋
- 酱油 ………………… 1 大勺
- 砂糖、酒 ………… 各 1/2 大勺
- 芝麻油 ……………… 1 小勺
- 姜末、蒜泥 ……… 各 1/4 小勺

B
- 面包糠、土豆淀粉 …… 各 5 大勺
- 黑胡椒碎 …………… 1/4 小勺

色拉油 …………………… 适量
生菜、樱桃番茄 …………… 适量

做法

1 亲爱的，你还记得吗？

那天，我把鸡胸肉斜切成 2～3 条，敲打至肉条延展，

然后把鸡肉和 A 放入保鲜袋中拌匀，用我的泪水腌制入味。

"真是狡猾。"你如此责备，而我心甘情愿地等了 15 分钟。

2 混合均匀的 B，抹完腌料的我，还有你渐渐离去的小小背影，

追赶不及，就再一次放入保鲜袋里。

用 A 腌制后，还要抹上 B（腌制两次），

这是我的当务之急（哆来咪发唆拉西）。

3 亲爱的，你发现了吗？

那天，离家在外的我想起了你，于是拿出平底锅，

倒入了 1 厘米深的色拉油和满腹思念。

"加热到 170℃ 就可以了。"仿佛听到了你的声音。

把鸡肉条放入锅中，我静静地等待它披上金黄的外衣，

然后轻轻翻面，用中小火煎熟，尽量避免触碰。

用 A 腌制后，还要抹上 B（腌制两次），

这是我的当务之急（哆来咪发唆拉西）※。

WOW WOW 我是生菜，你是樱桃番茄～

WOW WOW 酥脆鸡肉条，你是否愿意与我结为夫妻？

（作词、作曲：The Crispy）

Q. The Crispy 是谁？

A. 本名尚未公开，生于 1976 年 8 月 4 日，

日本著名男歌手、作曲家，绰号"沙哑嗓"。

歌声感伤悠扬，有给吉他弦上色拉油的怪癖，

现场表演极具个性，吸引了一大批粉丝。

凭借代表作《向灵魂舞蹈致敬》，

荣获 2010 年度烹饪背景音乐下载榜第 5 名……

※这部分副歌与实际烹饪操作毫无关系。

Part 2
不一样的元气简餐

让心情好起来的

家庭式咖啡馆简餐

这部分给大家介绍咖啡馆简餐的做法,
当然,只是家庭式的。
简餐摆盘很漂亮,希望能让您眼前一亮。

这些简餐按照鸡肉、猪肉、绞肉、鱼、蔬菜等食材
种类分类,另外还分为西式简餐和日式套餐,
大家可以选择适合自己的。

基本都是简单易做的菜式,
配菜很快就可以做好,比如生菜之类的。

即使是家常的菜式,只要花点心思摆盘,
也会变得精致有格调,让人心情愉悦。
大家不妨试试看。

顺便一提,我老公不喜欢热饭拼冷菜,
所以我家很少分餐,不用摆盘。
平时基本都是把饭菜盛在大碗或者大盘子里,
自己想吃什么随便夹。

这是点缀。

鸡肉

用腌鸡肉剩下的酱汁勾芡，淋在煎好的鸡肉上，特别好吃。（蚬贝）

盛盘
盘中盛入米饭和BBQ酱汁鸡肉，把锅中的酱汁淋在米饭上，撒少许黑胡椒碎，然后盛上日式番茄沙拉(P78)、红薯沙拉、生菜、盐煮西蓝花和盐煎绿芦笋。

BBQ 酱汁鸡肉简餐

将鸡肉用自制的烤肉酱汁腌制入味，然后煎熟即可。
加少许苹果泥，美味瞬间提升。配上煎芦笋，丰盛不油腻。

BBQ酱汁鸡肉

所谓BBQ，就是一人一块肉的豪爽吃法。（不应该是烧烤的意思吗？）

用软管装蒜泥、姜泥的话，挤1～2厘米即可。

原料（2人份）

鸡腿肉	2块
盐、胡椒粉	少许
A ┌ 酱油、味醂	各3大勺
├ 苹果泥	2大勺
├ 番茄酱、芝麻油	各2小勺
└ 蒜泥、姜末	各1/2小勺
色拉油	1大勺

做法

1 将鸡腿肉较厚的部分片开，使整块肉厚薄均匀，用叉子均匀地扎些小孔，抹上盐和胡椒粉，然后用A腌制约1小时。

2 在平底锅中倒入色拉油加热，放入鸡肉，煎成金黄色后翻面，盖上锅盖用小火煎熟。盛出鸡肉，切成方便食用的肉条。

建议把鸡肉和A装入保鲜袋中腌制。

红薯沙拉

原料（2人份）

红薯	1/2个
A ┌ 芥末籽酱、蛋黄酱	各1大勺
└ 盐、胡椒粉	少许

做法

1 红薯洗净，无须擦干，直接用厨房纸包好，放入微波炉加热3—4分钟。

2 晾至不烫手后剥去外皮，加入A拌匀。

用厨房纸包好后可以再裹一层保鲜膜，这样红薯更容易熟透。

咸味海苔卷鸡肉套餐

大力推荐这道菜，鸡肉放凉后口感依然软嫩湿润。
腌制过程中，鸡肉吸收了水分和油，煎熟后，肉质松软多汁。
注意，鸡肉表面要均匀粘裹上土豆淀粉。

盛盘
把切成丝的卷心菜、紫苏和茗荷拌匀盛入盘中，再盛上咸味海苔卷鸡肉、照烧莲藕和番茄，搭配米饭和白菜培根味噌汤。

咸味海苔卷鸡肉

原料	（2人份）
鸡胸肉	1块
A [酒、芝麻油、土豆淀粉	各1大勺
盐、姜末	各1/4小勺
海苔	1/2片
土豆淀粉、煎炸油	适量

做法

1. 将鸡肉切成方便食用的小块，每块用叉子扎些小孔，用A腌制至少10分钟。
2. 海苔切成2厘米宽的小片，把鸡肉卷起，再裹一层土豆淀粉。
3. 在平底锅中倒入5毫米深的煎炸油，加热至170℃，放入鸡肉边翻转边炸至熟透。

照烧莲藕

原料	（2人份）
莲藕	4～5厘米长的1段
色拉油	1/2大勺
A [酱油、味醂	各略少于1大勺
砂糖	1/2大勺
炒白芝麻	适量

做法

1. 把莲藕切成6～7毫米厚的圆片。
2. 在平底锅中倒入色拉油加热，放入藕片煎至两面焦黄。加入A拌匀，盛出，撒些芝麻。

带皮莲藕更好吃。

白菜培根味噌汤

用整片培根的话，会感觉有点肥腻。

原料	（2人份）
白菜叶	1片
培根	1/2片
A [日式清汤味精	1/2小勺
水	2½杯
味噌	2大勺

做法

1. 把白菜叶和培根切成细条。
2. 把①和A倒入锅中，煮至白菜变软后关火，加入味噌搅拌至溶解。

海苔卷鸡肉和直接油炸的口感很不一样，好吃得停不下来。家人都说照烧莲藕很脆、很好吃。 (tarzan)

猪肉

多彩沙拉

| 原料 | （2人份） |

- 生菜叶 …………… 4片
- 水菜 ……………… 1小把
- 红柿子椒、黄柿子椒 ……… 各1/4个
- A ┌ 砂糖、醋、色拉油或橄榄油 · 各1大勺
  └ 盐 ……………… 1小撮

| 做法 |

1. 生菜叶撕成小片，水菜切成4厘米长的段，柿子椒去蒂去籽，切成丝。
2. 把①拌匀，淋上混合均匀的A。

盛盘
盘中盛入米兰风味炸猪排、多彩沙拉、米饭和煎南瓜（撒少许盐），撒些干欧芹，配上土豆玉米牛奶浓汤。

就是这个味道！意大利妈妈经常做的。←别吹牛了。不过真的很好吃啊！　（Eco）

米兰风味炸猪排简餐

把面包糠和乳酪粉混合均匀，做成炸猪排的面衣。忘记把面包糠搓碎了。面衣中没有加蛋液，用油量也减少了一些，做起来更简便。

米兰风味炸猪排

| 原料 | （2人份） |

- 猪腿肉（炸猪排用）……… 250克
- 盐、胡椒粉 ……………… 少许
- A 小麦粉、水 …………… 各5大勺
- B ┌ 面包糠 ……………… 3/4杯
  ├ 乳酪粉 ……………… 3大勺
  └ 黑胡椒碎 …………… 1/2小勺
- 煎炸油 …………………… 适量
- C ┌ 番茄酱、英国辣酱油 … 各1大勺
  └ 牛奶 ………………… 1小勺

可以把肉切成方便食用的小块。推荐选用猪腿肉，物美价廉。

| 做法 |

1. 敲打猪腿肉使其延展开，抹上盐和胡椒粉，依次裹上混合均匀的A和拌匀的B。
2. 在平底锅中倒入5毫米深的煎炸油，加热至170℃，放入猪腿肉炸熟。
3. 淋上混合均匀的C。

放入油锅后尽量不要触碰，炸至面衣定形再翻面。

土豆玉米牛奶浓汤

| 原料 | （2人份） |

- 土豆 ……………………… 1个
- A ┌ 固体汤块 ……………… 1个
  ├ 盐、胡椒粉 …………… 少许
  └ 水 …………………… 1½杯
- B ┌ 牛奶 ………………… 1杯
  └ 冷冻玉米粒 ………… 2大勺

| 做法 |

1. 土豆去皮，切成3毫米厚的圆片。
2. 把土豆片和A放入锅中，煮至土豆变软。加入B，煮至即将沸腾时关火。

没有勾芡，口感比较清爽。

盛盘
盘中盛入沙拉、米饭，码放上脆煎猪肉片，再撒少许炒白芝麻，配上海苔清汤。

脆煎猪肉片配沙拉简餐

把猪肉片煎至香脆，码放在丰富的蔬菜上，然后画圈淋上咸鲜酸甜的酱汁。
切紫洋葱时可以戴上一次性手套，以免手被染成紫色。

豆瓣酱超提味，没有的话现买也要加一些。盛上煎蛋后，看起来像一张得意的笑脸。
(sakabon)

脆煎猪肉片配沙拉米饭

原料（2人份）

猪五花肉片	150克
盐、胡椒粉	少许
胡萝卜	3厘米长的1段
白萝卜	1厘米长的1段
黄瓜	1/2根
鸭儿芹	1小把
紫洋葱	1/8个
色拉油	1小勺
鸡蛋	2个
米饭	2碗
A [酱油、醋、砂糖	各1大勺
豆瓣酱	1小勺

做法

1. 把肉片切成方便食用的小片，撒上盐和胡椒粉。
2. 胡萝卜、白萝卜去皮，和黄瓜一起切丝。鸭儿芹切段。紫洋葱切成薄片，用水泡一下后沥干。
3. 不用倒油，加热平底锅，放入肉片，一边煎一边擦去多余油脂。煎至两面香脆，盛出。
4. 在锅中倒入色拉油，打入鸡蛋，煎成荷包蛋。
5. 在盘中依次盛入米饭、②和③，再盛上④，淋上混合均匀的A。

颜色搭配得很漂亮。当然，蔬菜的种类和颜色可以选择自己喜欢的。

煎的时候肉片会出油，简单擦拭一下即可。

海苔清汤

原料（2人份）

香葱	5厘米长的1段
A [日式清汤味精	2小勺
酱油、味醂	各1小勺
盐	1小撮
水	略多于2杯
海苔	1/2片

做法

1. 把香葱切成葱花。
2. 把A和葱花放入锅中，煮沸后放入撕碎的海苔。

也可以选用微咸的海苔。

绞肉

墨西哥饭套餐

这并不是正宗的墨西哥饭。（呃，公然欺诈啊？）
不含智利辣椒粉[①]、塔巴斯科辣酱（Tabasco）和咖喱粉，味道温和，我很喜欢。

墨西哥饭

原料	（2人份）
番茄	1/4 个
A 猪肉牛肉混合绞肉	150 克
A 红辣椒（切圈）	1 根
A 番茄酱	3 大勺
B 英国辣酱油	2 大勺
B 砂糖、酱油	各 1 大勺
B 黑胡椒碎	少许
米饭	2 大碗
马苏里拉乳酪	适量

做法

1. 番茄去蒂切丁。
2. 不用倒油，加热平底锅，放入 A 炒至绞肉变色，再加入 B 炒匀。
3. 碗中盛入米饭，再盛上②，撒上马苏里拉乳酪和番茄丁。

> 也可以用胡椒粉。用量请根据个人口味调整。

> **盛盘**
> 在盘中盛入墨西哥饭、生菜、牛油果、炸薯角（P64）和水煮蛋，配上柠檬可乐。

> 也有人不喜欢番茄配米饭。

> 儿子平时口味很叼，这次很快吃光了，还秀了一下空盘子。
> ←可见有多好吃。
> （☆ Koto-no-ne ☆）

① chili power，五香辣椒粉，辅料有大蒜、盐、牛至、孜然，有时还会加入肉桂。

盛盘
白菜炖鸡肉丸子汤，搭配芝麻蛋黄酱拌胡萝卜圆筒鱼糕、醋香章鱼拌黄瓜和撒了黑芝麻的米饭。

软嫩的丸子搭配清甜的白菜，清淡而不失鲜美。让人想起笑容慈祥的外婆的味道。（meg）

白菜炖鸡肉丸子汤套餐

食材煮得软软的，鲜美入味。
加入了市售的清汤味精，汤汁带有一丝鱼贝和鸡肉的鲜味。

白菜炖鸡肉丸子汤

| 原料 | （2人份） |

白菜	1/8 棵
A	鸡绞肉 150 克 土豆淀粉、酒 各 1 大勺 砂糖 1/2 小勺 酱油、芝麻油 各 1 小勺 盐、姜末 少许 鸡精 1 大勺
B	日式清汤味精、酱油、味醂 各 1 小勺 盐 1/4 小勺 水 3 杯
粉丝	40 克

| 做法 |

1. 白菜切段，菜帮和菜叶分开。把 A 充分拌匀。
2. 将 B 倒入锅中煮沸，把 A 整形成丸子放入锅中，加入白菜帮炖煮。煮至丸子浮起，加入白菜叶和粉丝煮熟。

> 用 2 个勺子可以轻松把鸡肉整形成丸子。我是直接用手整形的，满手黏腻。

芝麻蛋黄酱拌胡萝卜圆筒鱼糕

| 原料 | （2人份） |

胡萝卜	1/2 根
色拉油	1/2 小勺
圆筒鱼糕	1 根
A	蛋黄酱、白芝麻碎 各略少于 1 大勺 砂糖、酱油 各 1 小勺

| 做法 |

1. 胡萝卜去皮切条，放入耐热容器中，加少许色拉油。松松地盖上保鲜膜，放入微波炉加热 1 分 30 秒。圆筒鱼糕切成圆片。
2. 把混合均匀的 A 加入①中拌匀。

> 我很喜欢这道配菜。美味的关键是胡萝卜要加热一下。

醋香章鱼拌黄瓜

| 原料 | （2人份） |

黄瓜	1 根
盐	少许
干裙带菜	1 小勺
水煮章鱼	100 克
A	醋、砂糖 2 大勺 酱油 少许

| 做法 |

1. 黄瓜切成片，撒上盐腌制 5 分钟，挤干。干裙带菜用水泡发，挤干。
2. 把章鱼切成方便食用的小段。
3. 把混合均匀的 A 加入备好的食材中，拌匀。

鱼肉

盛盘
盘中盛入蒜香酱油煎海鲇、辣味土豆泥、樱桃番茄和烤过的法国面包，撒少许黑胡椒粉。

海鲇好便宜啊！以前只会用它做鱼汤，这次尝试了新做法，开心。感觉可以用来宴客了。(hosshi)

蒜香酱油煎海鲇简餐

看到超市里的海鲇在打折，忍不住买了一些。
做好后稍加摆盘，便宜的食材也可以变得很有格调。

蒜香酱油煎海鲇

| 原料 | （2人份） |

可以选用喜欢的鱼类，比如鳕鱼、鲷鱼等。

海鲇 ……………………… 2块
盐、胡椒粉 ……………… 少许
莲藕 …………… 2厘米长的1段
大蒜 ……………………… 1瓣
色拉油 …………………… 3大勺
橄榄油 …………………… 1大勺
酱油 ……………………… 2小勺
水菜 ……………………… 适量

| 做法 |

1 海鲇撒上盐和胡椒粉，莲藕和大蒜切片，水菜切成5厘米长的段。
2 在平底锅中倒入色拉油加热，放入莲藕煎至香脆。把锅擦干净，倒入橄榄油和蒜片，用小火将蒜片煎成金黄色，盛出。
3 放入海鲇煎熟，其间适时翻面。
4 把③盛盘，依次码放上水菜、②。把酱油倒入锅中加热一下，淋入盘中。

辣味土豆泥

| 原料 | （2人份） |

土豆（小个儿的） ……… 2个
牛奶 ……………… 略多于1大勺
黄油或者人造黄油
A ………………………… 1/2大勺
清汤味精 ……………… 1/4小勺
盐、黑胡椒碎 ………… 各1小撮

| 做法 |

1 土豆洗净，不用擦干，包上保鲜膜，放入微波炉加热5～6分钟。
2 去皮压碎，加入A拌匀。

黑胡椒味的土豆泥很适合下酒，可以再加些蒜泥。

盛盘
照烧鰤鱼配挂面沙拉、蘑菇油菜汤和米饭。

黄金配比的照烧汁！容易做又好吃，我决定以后做照烧鰤鱼时都用这个配方。 (naotan)

照烧鰤鱼套餐

去餐厅每次必点的照烧鰤鱼，在家做也很方便。
食谱中的照烧汁配比刚好，请按照标注的用量调制。
鱼肉裹上小麦粉可以锁住鲜味，也可以避免煮久过咸。

照烧鰤鱼

原料	（2人份）
鰤鱼	2块
盐	少许
小麦粉	适量
色拉油	2小勺
A〔酱油、味醂、酒	各2大勺
〔砂糖	1大勺
紫苏叶、白萝卜泥、萝卜苗	适量

做法

1. 鰤鱼两面抹上盐，腌15分钟后简单冲洗一下，擦干后裹上小麦粉。
2. 在平底锅中倒入色拉油加热，放入鰤鱼，煎成金黄色后翻面，盖上锅盖用中小火再煎3分钟。擦去锅中多余的油脂，倒入混合均匀的A煮熟。
3. 盘中铺入紫苏叶，盛上②，再点缀上白萝卜泥和萝卜苗。

抹盐是为了去腥，不介意鱼腥味的话，可以省去这一步。

鱼肉容易碎，尽量不要触碰。最后要用勺子盛起汤汁淋在鱼肉上。注意不要煮太久，以免鱼肉过咸。

我常做这道配菜。面条变干的话，可以加些水或蘸面汁。

挂面沙拉

原料	（2人份）
黄瓜	1/2根
盐	少许
火腿	1片
挂面	1小把
蛋黄酱	略少于1大勺
蘸面汁（2倍浓缩）	1~2小勺

做法

1. 黄瓜切成片，撒上盐，腌5分钟后挤干。火腿切成条。
2. 将挂面煮熟，用笊篱捞出，冲凉后沥干，与黄瓜、火腿混合。
3. 加入蛋黄酱拌匀，食用前淋上蘸面汁。

蘑菇油菜汤

原料	（2人份）
蟹味菇	1/2包
油菜	1~2棵
A〔盐	少许
〔水	3杯
B〔酒、鸡精	各1大勺
〔酱油	1小勺
〔胡椒粉	少许
芝麻油	1小勺
炒白芝麻	适量

多放一些。

做法

1. 蟹味菇切去根部，油菜切成方便食用的小段。
2. 锅中倒入A和蟹味菇，用中小火煮3分钟。
3. 加入油菜和B，煮沸。淋入芝麻油，关火，加入捻碎的芝麻。

加入冷水炖煮，汤汁可以充分吸收蟹味菇的鲜味。

法式蔬菜汤配饭团套餐

类似浓汤的汤菜，露出来的香肠很诱人。
蘸上搭配的酱料，每种食材都很美味。

蔬菜

盛盘
法式蔬菜汤搭配紫苏小鱼干饭团。

汤里的菜热乎乎、软软的。蛋黄酱和芥末籽酱简直是黄金搭档，以后可以用它代替酸奶油了……真好吃！（游）

法式蔬菜汤

原料（2人份）

土豆	2个
洋葱	1/2个
西蓝花	1/4棵
A 香肠	2根
固体汤块	1个
蘸面汁（2倍浓缩）	1大勺
盐、胡椒粉	少许
水	3杯
水煮蛋	1个
B 蛋黄酱、芥末籽酱	各1大勺
砂糖	1小勺

请选择喜欢的口味。

做法

1. 土豆去皮。洋葱对半切开。
2. 西蓝花掰成小朵，冲洗一下放入耐热容器中，松松地盖上保鲜膜，用微波炉加热1分钟。
3. 锅中放入A和①，用中小火煮12~15分钟，直至土豆熟透。
4. 把③盛入碗中，加入西蓝花和对半切开的水煮蛋。配上混合均匀的B。

用自制的蘸酱代替酸奶油。

紫苏小鱼干饭团

原料（2人份）

色拉油	1大勺
藕片、紫苏叶	各4片
盐	适量
A 米饭	略少于2大碗
小鱼干、炒白芝麻	各1大勺
酱油	1小勺

做法

1. 在平底锅中倒入色拉油加热，放入藕片，煎至两面金黄后盛出，撒少许盐。
2. 把紫苏叶切成丝，加入A中拌匀，包上撒了盐的保鲜膜，握成饭团，点缀上炸藕片。

怕麻烦的话可以不加藕片。

不介意粘手的话，可直接用手握成饭团。

盛盘
酸甜炸豆腐蔬菜搭配芝麻拌扁豆牛油果，米饭上加了许多木鱼花，还有一只生鸡蛋。

酸甜炸豆腐蔬菜套餐

酥香的炸豆腐和蔬菜淋上酸甜的酱汁，香而不腻。
酸甜味酱汁比较百搭。
我把它推荐给了田中先生。（谁呀？）

豆腐和蔬菜只是炸了一下，做法很简单，一个平底锅就能搞定，不用洗一堆炊具，真是太好了。以后还会再做的。（小春）

酸甜炸豆腐蔬菜

大概一小盒。

原料 (2人份)

绢豆腐	300克
茄子	1根
秋葵	2根
煎炸油、土豆淀粉	适量
A [南瓜片	4片
樱桃番茄	2颗
B [砂糖、水	各2大勺
酱油、醋	各1大勺
鸡精	1小勺
C [土豆淀粉	略多于1小勺
水	1大勺
炒黑白芝麻	适量

做法

1. 绢豆腐沥干水，切成4块。
2. 茄子纵向切成4～6等份，秋葵剖成两半。
3. 在平底锅中倒入1厘米深的煎炸油，加热至170℃，放入②和A炸熟后捞出。将①裹上土豆淀粉放入锅中，炸熟后捞出。
4. 把平底锅擦干净，倒入B煮沸，用混合均匀的C勾芡。
5. 盘中盛入③，淋上④，再撒些芝麻。

可在空豆腐盒中装满水，作为重物压在豆腐上，沥水1小时即可。

秋葵可以抹上盐搓去表面绒毛。不过我是个怕麻烦的人。（呃～）

芝麻拌扁豆牛油果

原料 (2人份)

冷冻扁豆	10根
牛油果	1/2个
A [白芝麻碎	1大勺
砂糖、酱油	各1小勺
味醂	1/2小勺

做法

1. 把扁豆煮一下，切成2～3小段。牛油果去皮去核，切成片。
2. 在①中加入混合均匀的A拌匀。

牛油果容易氧化变色，请现吃现做。

Q&A

山本优莉的 18个问答

也许大家对我的生活不太感兴趣,不过有不少朋友在我的美食博客里提问、留言,所以还是写了这个栏目,大家笑一笑翻过去就好。

Q.1 上了电视和杂志,有什么变化吗?

没什么变化(也没怎么上嘛,笑),还是和以前一样迷迷糊糊、笨手笨脚的,菜也做得马马虎虎。没什么名气,走在路上也没有粉丝喊我的名字。一定要说有什么不同的话,大概就是比以前看得更开了,明白无法左右别人对我的看法。虽然我上电视时会表达一些观点,在杂志采访时也对读者满怀期待,可实际上大家不太会关注我的生活。如果有一天我变得骄傲得意,满口都是"……才是我的风格"之类的话,请打醒我。

Q.2 写这本书时,最辛苦的是什么?

应该是拍摄。这次开发了不少新菜式,包括需要重拍的菜式在内超过130道,家里的冰箱总是塞得满满的。想起来一件趣事。有一天要和摄影师两个人完成40道菜的拍摄,其间一大堆碗碟等着清洗。酷酷的女摄影师告诉我,她从小在寿司店长大,专长就是洗碗,然后很快把所有餐具都洗得亮晶晶的,让我目瞪口呆、感激涕零。我这人做家务拖拖拉拉,孩子也是"放养"。有家人帮助,写书又是我的爱好,所以不觉得辛苦,在此感谢我的亲友。

Q.3 平时经常用哪些食材?

豆芽、卷心菜、火腿、培根、鸡蛋、豆腐、黄瓜、洋葱、胡萝卜、碎猪肉、油菜、蘑菇、香葱、裙带菜、樱桃番茄。

Q.4 在家常做的菜式有哪些?

时尚土豆沙拉(P74)、酥炸胡萝卜(P11)、碎猪肉豆芽盖饭(P49)和肉末咖喱饭(P36)。经常做酥炸胡萝卜是因为孩子爱吃。

Q.5 写博客时有哪些开心的事?

第一次看到有人留言说"好吃",得知有网友看了我的博客受到鼓舞,这些都让我觉得很开心。还有一些留言,比如"睡在身边的老公正在咯吱咯吱地磨牙""明天要去旅游了""现在开始阵痛了""请鼓励鼓励我吧""今天梦到了……",等等,很随意很亲切,看了也很感动。我在博客里写过,"这里就像无人售卖的菜市场,每个人都按照自己的方式打理生活,我想保持这样的氛围,这里会一直对外开放",后来收到了很多网友的反馈,说喜欢我的留言栏。对此我很开心,也心怀感激。

Q.6 这本书里有没有自己觉得很棒的菜式?

除了最受欢迎的20道菜、简餐和套餐,还有厨房小家电系列(P36～P43),其中我特别喜欢微波炉和电饭锅菜式。还有些也许不太引人注目,但我自己非常喜欢的,比如松软的油炸鱼豆腐(P18)、智利甜辣酱风味煎鸡肉(P45)、微波炉蘸汁面和猪肉豆芽面(P59)。另外还想向大家推荐蛤蜊浓汤风味烩饭(P51)、炸芋头佐酱汁(P66)和米兰风味多里亚饭(P51)。甜点的话有南瓜蛋糕(P90)和香脆曲奇布朗尼(P92)。

Q.7 最近有没有比较有意思的留言?

有很多,比如有一条打错了字:"按照食谱书做了800千克电饭锅叉烧肉,家人都很喜欢……"然后网友纷纷留言:"吃了800千克!太厉害了!""电饭锅装得下吗(笑)?"笑得我肚子疼。

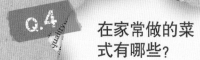

Q.8 这本书里你最喜欢哪部分内容?

简餐套餐、沙拉和笑一笑专栏。

Q.9 有喜欢的餐具或者厨具吗？

我很喜欢耐热硅胶铲，用它可以把平底锅底的油铲干净，看着很清爽。以前用木铲时，我还把握不好用油量，总是偏多，现在用量刚好。

餐具的话，我喜欢盛鲜汤关东煮（P42）用的带褐色边的大碗，价格便宜，而且拍照时很上镜。餐具和衣服一样，摆在陈列架上无法确定能不能搭配出彩，买回家盛了菜才会大赞"真漂亮"，摆盘是一件很有趣的事。

Q.10 终于用上智能手机了？

对，旧手机坏了，维修需要3个月，我等不起，只好移情别恋了。虽然很快适应了智能手机，但经常忘记账号和密码，各种APP也不太会用，大概只用了不到千分之一的功能。

Q.11 最近有什么让你印象深刻的事？

附近有一家大型家族经营酒屋，我的博客里有它的照片。前不久去了那儿，看见老板边收款边吃肝刺身，那惬意的样子让我很羡慕。

Q.12 开车时有什么口头禅？

"等等……等等，怎么开过来了，不是吧？"
"啊——真对不起，不好意思！"
"吓死我了！"
"不好意思，您先过吧，不好意思……"
"谁来帮帮我！"
"呃？刚才没说要转弯啊！"（※对着卫星导航）
"啊，我要怎么办？"（※与对面的车狭路相逢）
"可以了？是让我先过去吗？"（※和对面的车会车）
"能过吗？不行吧……"（※拥堵的十字路口）

Q.13 最近女儿怎么样？

话说得流利了，长得更可爱了。也不知在哪儿学的，最近常说"多盛点"。而且突然开始用敬语了。有一天在外面，她边哭边对我说"请抱抱我吧"，我好像回她"我有那么凶吗！"

Q.14 女儿喜欢吃什么菜？

老样子，还是咖喱饭、炸薯条、煎蛋、章鱼烧、味噌汤、饭团、油炸食物、煎莲藕这些。让我苦恼的是，她讨厌蛋黄酱。

Q.15 清子外婆身体还好吗？

挺健康的。有日间护理和家人短期陪护，妈妈和姐姐在照顾她，目前挺健康的。有时会自言自语，不过只要我女儿回应"呃，怎么啦？""好！"之类的话，她就会平静下来。

Q.16 有什么感兴趣的事？

冥想、骨盆矫正、掰弯汤匙。不过一件也没做过。

Q.17 喜欢哪种香肠？

口感柔软的那种。

Q.18 咔咔是什么意思？

就是咔嚓咔嚓。

求亲食谱

西式炖鸡肉

原料 (2人份)

鸡腿肉	1块
盐、胡椒粉	少许
小麦粉	适量
洋葱	1/4个
蟹味菇	1/2包
色拉油	1小勺
A 酒	3大勺
清汤味精	1小勺
水	1杯
B 番茄酱	2~3大勺
英国辣酱油	1大勺
砂糖	1小勺
速溶咖啡粉	少许
辣味土豆泥 (P28，根据口味添加)	适量
干欧芹	适量

做法

1　大智：冒昧地打扰您，今天我有一个请求。
　　岳父：……
　　大智：请允许我把鸡腿肉切成方便食用的小块。
　　岳父：我不会给你鸡腿肉的。
　　大智：然后撒上盐和胡椒粉，再均匀地裹一层小麦粉。
　　岳父：要我说几遍啊，我是不会给你鸡腿肉的。你走吧。

2　大智：把洋葱切成片，蟹味菇去根！
　　岳父：让你走，赶紧走！
　　岳母：老公……
　　岳父：不许你再进我家的门！滚出去！！！

3　直美：爸爸你太过分了！大智……大智他本来是打算在平底锅中倒入色拉油加热，把鸡肉煎熟，然后炒香蟹味菇和洋葱的。
　　岳父：……什么？！

4　直美：洋葱炒软之后倒入A，用中小火煮大概15分钟，直到鸡肉熟透，这些你都不知道吧？
　　岳父：简直难以置信——竟然连A也要放进去。
　　直美：何止是A，为了提味还要加B呢！
　　岳父：！！！
　　岳母：老公……
　　岳父：你，叫大智，是吧？
　　大智：是的。
　　岳父：放入B之后，你打算怎么办？
　　大智：打算用小火稍微煮一下让鸡肉入味，再配上辣味土豆泥。
　　岳父：鸡腿肉你拿去吧。
　　大智：爸爸！
　　岳父：不能白叫——这块鸡腿肉你拿去吧。还有……这个祖传的干欧芹。
　　直美：爸爸，我的好爸爸，谢谢你！

Q. 是什么打动了岳父的心呢？
A. 我有点懵。

Part 3 不一样的元气简餐

> 随手就能完成的

厨房小家电食谱

之前在博客中分享了一些"用微波炉叮一下就好"的方便食谱，
很受大家欢迎，
这部分就再介绍一下微波炉食谱，
还有用烤箱、电饭锅等无须用明火烹饪的食谱。

一开始我不太习惯用微波炉，看不到烹饪的过程，总觉得不放心，
而且听说电磁辐射有害健康。 > 没关屏蔽门吗？

用了几次之后，发现"这家伙潜能不错"，
就逐渐放下成见，和它成了好朋友，
周末还经常带它去野餐。 > 好重的累赘。

微波炉烹饪用油量少，便于控制油温，
降低热量的同时能减少营养流失，
注重健康的朋友不妨试一试。

我不会因为用微波炉烹饪就降低对美味的追求，
收集的都是朋友们大赞好吃的菜式。
做法很简单，新手也能一次成功。

电饭锅食谱非常省事，只需按一下开关，
就能做出让人夸赞的美味，请一定要试做一下。

※ 烤箱菜式介绍得不多，大家充分发挥想象力吧。

微波炉碟饭

肉末咖喱饭

美食节目里介绍过的菜式。
把食材放入耐热容器中加热即可。
和用平底锅做的一样美味，大力推荐。

> 很简单，而且还很好吃，没道理啊！（丸子）

> 感谢这道菜，温暖了整个冬天。（凛）

原料（2人份）

- 胡萝卜 …………… 1/3根
- 洋葱 ……………… 1/4个
- A
  - 猪肉牛肉混合绞肉或者猪绞肉 …… 150克
  - 咖喱块 …………… 2块
  - 番茄酱、英国辣酱油 …… 各1大勺
  - 蒜泥、姜末 …… 各1/4小勺
  - 速溶咖啡粉 …… 少许
  - 水 ………………… 160毫升
- 米饭 ……………… 2大碗
- 干欧芹 …………… 适量

> 可以提味，不放也可以。

做法

1. 胡萝卜去皮，和洋葱一起切碎。
2. 把①和A放入耐热容器中拌匀，松松地盖上保鲜膜，放入微波炉加热12分钟，拌匀，静置备用。
3. 米饭盛盘，淋上②，撒些干欧芹。

> 加热前要充分拌匀，以免绞肉黏成团。

> 加热后咖喱块会融化，因此无须切碎，整块放入即可。

> 增加绞肉的用量，或者延长加热时间可以使水分充分蒸发，做成干咖喱。

> 事先把原料都放在大碗里，老公回来时才加热，很快就可上桌了，老公大吃一惊。（梅田一☆彩）

意式卷心菜培根烩饭

把免洗大米和其他食材一起煮熟即可，做法类似煮粥。
只花15分钟，就能做出地道的意式烩饭，简直不敢相信。

原料（1~2人份）

- 大蒜 ……………… 1瓣
- 培根、卷心菜叶 …… 各1片
- 大米（免洗）…… 1/2杯
- A
  - 橄榄油 ………… 1大勺
  - 清汤味精 …… 略少于1小勺
  - 热水 …………… 2杯
- B
  - 乳酪粉 ………… 1大勺
  - 黄油或人造黄油 …… 1小勺
- 盐、胡椒粉 …… 少许
- C
  - 黑胡椒碎、乳酪粉 …… 适量

> 洗过后会发黏，无须清洗。

做法

1. 大蒜切末，培根切丁。
2. 把卷心菜叶撕成方便食用的小片。
3. 把大米和①放入耐热容器中，加入A。松松地盖上保鲜膜，用微波炉加热12分钟后翻拌一下。加入卷心菜和B，拌匀，用同样的方法加热2分钟，拌匀后用盐和胡椒粉调味。
4. 盛盘，撒上C。

> 口感硬的话，可继续加热，每次1~2分钟，直至米饭变松软。

> 15分钟就能做好的快手菜！完全看不出是用微波炉做的，用来款待客人应该也可以。（哎呀呀）

麻婆豆腐盖饭

用微波炉还可以做麻婆豆腐,我有点小惊喜。
直接加热整块豆腐,再用勺子切拌。
简单拌一下即可,以免把豆腐弄得太碎。

用微波炉加热,不用看着,同时可以做别的事情,很开心。(Mrs.Agatha)

原料(2人份)

香葱		少许
A	猪绞肉	120克
	蒜泥、姜末	各1/2小勺
	芝麻油	2小勺
B	味噌、酱油、酒、砂糖	各1大勺
	土豆淀粉	1/2大勺
	鸡精、豆瓣酱	各1小勺
	水	1/2杯
绢豆腐		1块
米饭		2大碗
葱花		适量

做法

1. 香葱切成葱花,放入耐热容器中,加入A充分拌匀,以免绞肉黏成团,不用盖保鲜膜,放入微波炉加热3分钟。
2. 把①翻拌均匀,加入混合好的B,拌匀,加入豆腐,松松地盖上保鲜膜,放入微波炉加热5分钟。用勺子把豆腐切成方便食用的小块,简单拌一下。
3. 把米饭和②盛入大碗中,撒些葱花。

> 要把B充分拌匀,以免土豆淀粉结块。

> 绢豆腐很软,更容易散入米饭中。不做成盖饭的话,也可以用木棉豆腐。

五花肉配滑蛋盖饭

我很喜欢的味道组合。
用平底锅很难做出口感滑嫩的炒鸡蛋,
微波炉却可以轻松搞定,而且无须用油。

原料(2人份)

洋葱		1/4个
猪五花肉片		150克
A	酱油、味醂	各2大勺
	砂糖	1小勺
	豆瓣酱	1/2小勺
	胡椒粉	少许
鸡蛋		2个
B	牛奶	2大勺
	蛋黄酱	2小勺
	盐	少许
米饭		2大碗
卷心菜丝(根据口味添加)		适量

做法

1. 洋葱切成片,五花肉切成3厘米宽的小片。
2. 把①和A放入耐热容器中拌匀,松松地盖上保鲜膜,放入微波炉加热5分钟。翻拌一下,静置备用。
3. 将鸡蛋打入另一个耐热容器中,搅散后加入B拌匀。不用盖保鲜膜,放入微波炉加热1分钟。用打蛋器翻拌一下,再加热30~50秒,翻拌一下。
4. 米饭盛盘,根据个人口味加些卷心菜丝,盛上②和③。

> 加热后静置一会儿,使其充分入味。

> 此时蛋液尚未完全凝固,利用余热刚好让鸡蛋熟透。可酌情延长加热时间,每加热10秒翻拌一下。

加了豆瓣酱,五花肉略咸,不过配上滑蛋后可以做视盖饭界的。用时比预计的要少,超简单。(橙醋职人 nao)

Part 3 厨房小家电食谱

主菜 & 配菜

青椒肉丝

这道中式料理原本较为油腻，微波炉版大大减少了用油量，更健康，请试做一下吧！有的话加些水煮竹笋，倍添美味。

原料（2人份）

- 牛肉片 …………… 150 克
- A
  - 酒 …………… 1 大勺
  - 土豆淀粉 ……… 略少于 1 大勺
  - 姜末 …………… 1/4 小勺
  - 盐、胡椒粉、酱油 …… 少许
- 青椒 ……………… 4 个
- B
  - 蚝油 …………… 2 小勺
  - 酒、砂糖、酱油、芝麻油 …… 各 1 小勺
  - 鸡精 …………… 1/2 小勺
  - 蒜泥 …………… 1/4 小勺
  - 水 ……………… 1 大勺
- 炒白芝麻 ………… 适量

做法

1. 牛肉片用 A 腌制入味，青椒去蒂去籽、切成条。
2. 把青椒和牛肉依次放入耐热容器中，淋入 B。松松地盖上保鲜膜，放入微波炉加热 4～5 分钟，拌匀。
3. 盛盘，撒些芝麻。

> 用猪五花肉也没问题。最好是切成细细的肉丝。

> 青椒切成宽条，以免加热时变软断掉。我切得有点细了。

> 以前对微波炉有偏见。试做了一下，没想到青椒吸收了肉的鲜味，肉也香而不腻，超好吃。
> （野岛满子）

韩式炒杂菜

传统做法需要分别炒好各种食材，用微波炉做简便许多。粉丝无须预先泡发、煮熟，直接放入耐热容器中，淋上腌五花肉用的调味汁加热即可，别有一番风味。

原料（2人份）

- 韭菜 ……………… 1 小把
- 胡萝卜 …………… 3 厘米长的 1 段
- 洋葱 ……………… 1/8 个
- 猪五花肉片 ……… 100 克
- A
  - 酱油 …………… 1½ 大勺
  - 砂糖、味醂 …… 各 1 大勺
  - 芝麻油 ………… 1 小勺
  - 蒜泥、姜末 …… 各 1/4 小勺
- 粉丝 ……………… 50 克
- 炒白芝麻 ………… 适量

做法

1. 韭菜切成方便食用的小段，胡萝卜去皮切丝，洋葱切片。
2. 把五花肉切成方便食用的小片，用 A 腌制入味。
3. 粉丝用水泡一下后放入耐热容器中，加入①，铺上②，淋上腌五花肉用的调味汁。加入 6 大勺水，松松地盖上保鲜膜，用微波炉加热 3 分钟后拌匀。
4. 再加 4 大勺水，松松地盖上保鲜膜，放入微波炉加热 3～4 分钟，拌匀。盛盘，撒些芝麻。

> 要微波加热近 7 分钟，足以使五花肉充分入味。感觉用牛五花肉会更好吃。

> 太简单了，我得意地笑。把食材切一下，剩下的交给微波炉就好。第一次加热后粉丝还比较干，不过第二次加热后就吸水变软了。（贵惠）

照烧鸡肉

外脆里嫩,色泽诱人。
把鸡肉放在平盘中,不用盖保鲜膜,短时间加热即可。
微波炉内会溅上酱汁,不要忘记擦拭干净哦。

原料 (1~2人份)

鸡腿肉 ……1块(200~250克)
A ┌ 酱油……………2大勺
  └ 砂糖、味醂……各1大勺
生菜、樱桃番茄………适量

做法

1. 用叉子在鸡肉上均匀地扎些小孔,用A腌制至少10分钟。
2. 把鸡肉放入铺了油纸的耐热容器中,淋少许腌鸡肉用的调味汁。不用盖保鲜膜,放入微波炉加热5分钟,拌匀。
3. 盘中铺入生菜,盛盘,点缀上樱桃番茄。

> 建议把鸡肉连腌汁一起装入保鲜袋中,以便鸡肉均匀沾裹上调味汁。

> 鸡肉加热后可能夹生,利用余热可以使鸡肉熟透。

> 加热时会有乓乓声,这很正常。最后把焦黄的肉汁刷在鸡皮上,就有照烧的感觉了。

> 这么快就能做好?抱着怀疑的态度试了下,结果很入味,太厉害了! (puchan)

> 太太太棒啦! (saapi)

白萝卜炖金枪鱼

做这道菜时,通常会把萝卜切成片。
其实把萝卜切成丝,会更美味。
预先腌制一晚,更加鲜美入味。

原料 (2人份)

白萝卜………………1/3根
金枪鱼罐头……………1罐
A ┌ 酱油、味醂……各1大勺
  │ 砂糖……………1小勺
  └ 日式清汤味精……1/2小勺

做法

1. 白萝卜去皮切丝,放入耐热容器中。
2. 金枪鱼罐头沥去少许汤汁,铺在萝卜丝上,淋上混合均匀的A。
3. 松松地盖上保鲜膜,用微波炉加热7分钟,拌匀。

> 这份食谱唤醒了在冰箱冷藏室冬眠的白萝卜。加热一次就很入味了。 (友实)

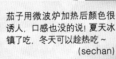

> 加热后静置一会儿更入味。出乎意料地美味,以后会经常做。

冰镇茄子

把茄子放入高汤中浸泡入味,然后放入冰箱冷藏。
冰爽十足的感觉,炎炎夏日怎么也吃不够。

原料 (2人份)

茄子(小个儿的)………4个
紫苏叶…………………2片
A ┌ 味醂……………1大勺
  │ 酱油……………2小勺
  │ 日式清汤味精……1/2小勺
  └ 水………………1杯
白萝卜泥………………适量

做法

1. 茄子去皮,用水泡一下后用保鲜膜包好,放入微波炉加热4~5分钟。紫苏叶切成丝。
2. 把A放入耐热容器中,用微波炉加热1分30秒,放入茄子腌制。冷却后装入保鲜袋中,放入冰箱冷藏至少1小时。
3. 盛盘,点缀上白萝卜泥和紫苏丝。

> 茄子用微波炉加热后颜色很诱人,口感也没的说!夏天冰镇了吃,冬天可以趁热吃~ (sechan)

> 不削皮也没关系。不过我已经养成了削皮的习惯。

> 趁热吃也很美味。可根据个人口味滴几滴酱油或橙醋。

烤箱

平价的鲐鱼裹上面包糠，烤好后金黄诱人！建议选用细腻的面包糠，口感更好。
(Hocha)

面包糠烤鲐鱼

只需把鲐鱼裹上面包糠烤熟即可。
不想开火的时候可以试一试。
（呃，配菜好像需要开火煎炒……）

原料（1人份）

鲐鱼	1块
盐	1/4 小勺
A { 蛋黄酱	1 小勺
番茄酱	1/2 小勺
盐、胡椒粉	少许
蒜泥（根据口味添加）	1/4 小勺
面包糠	适量
B { 时尚土豆沙拉(P74)、盐煎绿芦笋、水菜、樱桃番茄、柠檬片（根据口味添加）	适量

做法

1. 鲐鱼抹上盐，腌10分钟后擦干表面水分，抹上混合均匀的A。放入耐热容器中，两面撒上面包糠，用力按压一下。
2. 放入烤箱烤10～15分钟。
3. 盛盘，根据个人口味加入B。

表面很容易烤焦。烤至表面略微上色、鱼块尚未熟透时请及时加盖锡纸。也可以中途移至微波炉中加热1～2分钟。

酱烤鸡肉串

生菜比较百搭,所以随意摆了一些做装饰。
请注意,酱汁要分三次抹在鸡肉上,
中途要及时更换锡纸。

原料	(4串)
香葱	少许
鸡腿肉	1块
盐、胡椒粉	少许
A { 烤肉酱	3大勺
酱油、砂糖	各1小勺
生菜	适量

做法

1. 香葱切成3厘米长的段。鸡肉切成方便食用的小块,撒上盐和胡椒粉。
2. ①和A各取一半,装入保鲜袋中腌制入味。
3. 把②和余下的①放在锡纸上,送入烤箱烤8分钟。更换锡纸,取一半剩下的A刷在鸡肉上,再烤5分钟。
4. 烤好的鸡肉刷上剩下的A,用竹签串起。盛盘,点缀上生菜。

> 烤好后再串起来真是好主意,以前怎么没想到!还可以把鸡肉串加在便当里,啦啦啦~♪(下町土豆)

> 烤制时鸡肉会渗出大量油脂,更换锡纸后刷酱汁,能大大减少油腻感。

> 生鸡肉用竹签很难顺利穿透,烤熟后更容易串起。

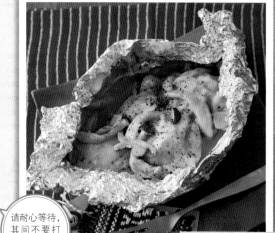

锡纸包烤鸡肉蔬菜

用锡纸包烤,成品更加软嫩多汁。
烤好后打开锡纸,涌出的蒸汽蒙住了一位朋友的眼镜。
大家贪婪地嗅着扑鼻的香气。

原料	(2人份)
大蒜	1瓣
洋葱	1/4个
卷心菜叶	1片
蟹味菇	1/3包
鸡腿肉	1块
盐、胡椒粉	适量
乳酪片	2片
酒	1小勺
黑胡椒碎、酱油(根据口味添加)	适量

做法

1. 大蒜、洋葱切成片,卷心菜撕成小片,蟹味菇切去根部。把鸡肉切成小块,抹少许盐和胡椒粉,腌制入味。
2. 将①分成两等份,取2张锡纸,分别铺上洋葱和卷心菜,再依次码放上鸡肉、大蒜和蟹味菇。撒少许盐和胡椒粉,各放上一片乳酪,淋上酒。把锡纸包好,送入烤箱烤15~20分钟。
3. 打开锡纸,根据口味撒些黑胡椒碎,滴几滴酱油。

> 鸡肉切得薄些更容易熟透。

> 请耐心等待,其间不要打开烤箱。

> 准备食材、切菜花了10分钟,设定烤箱花了3分钟。简单美味的烤箱食谱,非常感谢!(Happy♪)

乳酪风味面包糠烤培根茄子

面包糠和茄子都比较吸油,炸制的话感觉过于油腻。
于是搭配了乳酪和培根,改成了烤制。
拌了油的面包糠烤得香香脆脆。

原料	(2人份)
茄子(小个儿的)	2个
培根	2片
乳酪片	3片
A { 面包糠	3~4大勺
色拉油	2大勺
盐、胡椒粉	少许
干欧芹	适量
酱油	适量

做法

1. 把茄子纵向切成3片,培根切成2厘米宽的条,乳酪撕碎。
2. 在茄子切面上依次放上培根、乳酪,再抹上混合均匀的A。
3. 取一张锡纸,码放上茄子,送入烤箱烤至金黄色,滴几滴酱油。

> 若把茄子对半切开,可以各用1片乳酪。

> 烘烤过程中乳酪会融化,把面包糠粘在茄子上。

> 好吃,连着做了好几回。(sadoe)

> 茄子居然可以这么好吃!面包糠也很有味。(美亚)

Part 3 厨房小家电食谱

电饭锅

煮好后土豆在最底层。

鲜汤关东煮

把所有食材放入电饭锅中，按照一般煮饭程序烹煮即可。
煮好后保温一会儿，焖制入味。
食材吸收了汤汁，体积膨胀，盛出来满满两大碗。

原料 （2人份）

白萝卜	1/4 根
土豆	2 个
煎圆筒鱼糕	1 根
魔芋	1/2 块
A 牛筋（关东煮用）	100 克
牛蒡、水煮蛋	各 2 个
砂糖、酱油、味醂	各 1 大勺
日式清汤味精	2 小勺
盐	1 小勺
水	4 杯

如果买的是新鲜牛筋，可放入电饭锅加水煮10分钟，再用冷水冲洗一下。

做法

1. 白萝卜去皮，切成 2 厘米厚的圆块。土豆去皮。圆筒鱼糕和魔芋斜切成两半。
2. 把①和 A 放入电饭锅中，按照一般煮饭程序烹煮，煮好后保温至少 1 小时。

如果电饭锅没有保温功能，煮 1 个半小时即可。

有些电饭锅不支持煮饭以外的功能，请对照说明书使用。

只要按下煮饭键就可以了，很方便。吃不完的话，可以把剩下的食材切碎，加入大米，连汤汁一起煮成烩饭。 （Saku）

酥松软嫩！干烧沙丁鱼

只需按一下煮饭键，就能做出软嫩的口感。
Q. 没有电饭锅，用压力锅可以吗？
A. 就是因为没有压力锅才用的电饭锅呀！

原料 （2人份）

沙丁鱼	4 条
生姜	1 片
A 酒、酱油、味醂	各 2 大勺
砂糖、醋	各 1 大勺
水	1 杯
萝卜苗	适量

放 6～7 条没问题。换成秋刀鱼也 OK。

做法

1. 沙丁鱼去除鱼鳞、鱼头和内脏，洗净擦干，每条切成 3 段。生姜带皮切成片。
2. 把①和 A 放入电饭锅中，照一般煮饭程序烹煮，煮好后保温至少 1 小时。
3. 盛盘，点缀上萝卜苗。

用刀切去一部分鱼腹，就可以轻松除去内脏。实在不会处理的话，就买预先处理好的鱼吧。

真的不费工夫。连鱼骨都炖软了。以后还会再做。 （tomato）

土豆炖猪里脊肉

2分钟即可搞定,估计是本书中最简单的菜式了。
简单而美味不减。
猪肉吸收了汤汁,咸鲜软嫩,土豆也融入了蒜香。

原料 (便于制作的量)

土豆	2个
大蒜	1瓣
A 猪肩里脊肉	1块(350~400克)
酒	4大勺
鸡精、味醂	各1大勺
盐	1/2 小勺
黑胡椒碎	少许
水	2½ 杯
B 干欧芹、黑胡椒碎	适量

> 多放点猪肉也没问题。打折时可以多买一些。

做法

1. 土豆去皮,大蒜对半切开。
2. 把①和A放入电饭锅中,按照一般煮饭程序烹煮。煮好后盛出土豆备用,然后保温至少1小时。
3. 把猪肉切成方便食用的小片,和锅中的汤汁、土豆一起盛盘,撒适量B。

> 土豆久煮会变软,长时间保温容易焖烂,所以要及时取出。

> 电饭锅=煮饭,这道快手菜改变了常识。只是放入食材按键开煮,竟然做出了这么有格调的炖菜。
> (♡好美♡)

参鸡汤风味炖鸡

操作只花了2分钟。
鸡肉炖得软软的,很容易剥离。
加入了香葱和大蒜,暖身开胃。
软糯的米饭、鲜美的汤汁,出乎意料地美味。

原料 (2人份)

香葱	少许
大蒜	1瓣
生姜	1小块
A 大米	3大勺
鸡翅根	6根
酒	2大勺
盐	略多于1/2小勺
芝麻油	1小勺
水	3杯
芝麻油	适量
鸭儿芹	适量

> 可以用软管装的蒜泥,挤一下即可。

> 大米淘洗后分量不够3大勺也没关系。也可以增加大米的用量,做成粥。

做法

1. 香葱斜切成段,大蒜、生姜切片,大米洗净沥干。
2. 把①和A放入电饭锅中,照一般煮饭程序烹煮。煮好后盛盘,点缀上简单切段的鸭儿芹,滴几滴芝麻油。

> 可以挑战吉尼斯快手菜纪录了!煮制时间超短,竟然和长时间熬煮的汤一样美味! (naopichi)

Part 3 厨房小家电食谱

recipe column 2

划算的食材 豆芽&鸡胸肉

豆芽和鸡胸肉价格便宜，热量低，而且营养丰富，为此特地做了这个专栏。
稍稍花点工夫处理一下，鸡胸肉就能变得鲜美多汁。
为了充分保留营养，豆芽没有掐去须根——没营养我也懒得掐。

美味酱汁拌豆芽

口感类似爽滑的面条。

原料（2人份）

豆芽	1/2 袋
A	味噌、砂糖、酱油、芝麻油 各 1 小勺
	鸡精 1/4 小勺
	姜末 少许
蛋黄	1 个
B	葱花、炒白芝麻 适量
海苔丝	适量

做法

1. 豆芽焯熟挤干，加入混合均匀的 A 拌匀。
2. 盛盘，加入蛋黄，撒上 B，点缀些海苔丝。

用力握一下挤出水分。

梅干蛋黄酱拌豆芽

原料（2人份）

豆芽	1/2 袋
咸梅干	2 颗
A	木鱼花 1 大勺
	酱油、砂糖 各 1 小勺
	日式清汤味精 1/2 小勺
蛋黄酱	适量
萝卜苗	适量

做法

1. 豆芽焯熟挤干。
2. 咸梅干去核切碎，与 A 混合均匀后加入豆芽中拌匀。
3. 盛盘，挤适量蛋黄酱，点缀上萝卜苗。

用力挤，尽可能去除水分。

不加蛋黄酱也可以。

肉末鸡蛋炒豆芽

原料（2人份）

色拉油	2 小勺
蛋液	需 2 个鸡蛋
A	猪绞肉 100 克
	姜末 1/4 小勺
豆芽	1 袋
B	酒 1 大勺
	土豆淀粉 1/2 大勺
	鸡精 1 小勺
	盐、胡椒粉 少许
酱油	1 小勺
芝麻油	1/2 小勺
C	黑胡椒碎、葱花 适量

做法

1. 在平底锅中倒入色拉油加热，倒入蛋液拌炒至五分熟，盛出备用。
2. 锅中放入 A，炒至绞肉变色，放入豆芽炒熟。加入鸡蛋和混合均匀的 B 拌炒一下，淋入酱油炒匀。
3. 盛盘，滴几滴芝麻油，撒上 C。

绞肉比较松散，夹取不便，需要勾芡。用手指将 B 搅拌均匀后快速倒入锅中，以免淀粉结块。

鸡蛋炒至嫩滑即可盛出，稍后再与绞肉、豆芽一起拌炒。

泡菜乳酪鸡肉卷

原料（2人份）

- 鸡胸肉 …………………… 1块
- 盐、胡椒粉 ……………… 少许
- 蛋黄酱 …………………… 2小勺
- 白菜泡菜、马苏里拉乳酪 … 各50克
- 紫苏叶、橙醋 …………… 适量

做法

1. 将鸡肉较厚的部分片开，盖上保鲜膜，用擀面棒敲打至肉片稍微延展开。在鸡皮的一面抹上盐、胡椒粉和蛋黄酱，放上泡菜和乳酪，卷起。
2. 将鸡肉卷收口朝下放入耐热容器中，松松地盖上保鲜膜，放入微波炉加热5分钟。静置5分钟，切成1厘米厚的片。
3. 盘中铺入紫苏叶，盛盘，淋适量橙醋。

> 从中间向左右两边敲打，待肉片稍稍变薄、拉长即可。

> 加热时乳酪会融化，鸡肉也会流出肉汁，要用深一点的容器盛装，然后淋上肉汁和橙醋。

嫩煮葱香鸡肉

原料（2人份）

- 洋葱 ……………………… 1/2个
- 鸡胸肉 …………………… 1块
- A ┌ 酒、色拉油 ………… 各2小勺
    └ 盐、胡椒粉 ………… 少许
- 土豆淀粉 ………………… 1大勺
- B ┌ 酱油、味醂 ………… 各1大勺
    │ 日式清汤味精 ……… 1/2小勺
    │ 姜末 ………………… 1/4小勺
    └ 水 …………………… 1杯
- 葱花 ……………………… 适量

做法

1. 洋葱切片。鸡肉简单切一下，用刀背敲打至肉片延展开，然后用A腌一下，裹上土豆淀粉。
2. 锅中倒入B和洋葱，开火煮沸，放入鸡肉煮3~4分钟，其间不时翻转一下。盖上锅盖，关火焖5分钟。
3. 盛盘，撒适量葱花。

> 鸡肉用酒和油腌制后松软多汁。

> 利用余热把鸡肉焖得软软嫩嫩。

智利甜辣酱①风味煎鸡肉

原料（2人份）

- 香葱 ……………………… 少许
- 鸡胸肉 …………………… 1块
- A ┌ 酒、土豆淀粉、芝麻油 … 各2小勺
    │ 蒜泥、姜末 ………… 各1/4小勺
    └ 盐、胡椒粉 ………… 少许
- 土豆淀粉、蛋黄酱 ……… 适量
- 色拉油 …………………… 1/2大勺
- 豆瓣酱 …………………… 1/2小勺
- B ┌ 番茄酱 ……………… 略多于2大勺
    │ 砂糖、酱油 ………… 各1大勺
    │ 鸡精 ………………… 1/2小勺
    └ 水 …………………… 1/4杯
- 生菜 ……………………… 适量

做法

1. 香葱切碎。鸡肉用叉子均匀地扎些小孔，切成小块后加入A抓匀，裹上土豆淀粉。
2. 在平底锅中倒入色拉油加热，放入鸡肉煎熟，盛出备用。
3. 锅中放入葱花炒香，加入豆瓣酱炒匀。倒入混合均匀的B，煮沸后加入鸡肉炒匀。
4. 盘中铺入生菜，盛盘，挤适量蛋黄酱。

> 不加豆瓣酱也没问题。

> 这是让鸡肉变软嫩的关键。装入保鲜袋中腌制更方便。

① chili sauce，以番茄、糖、胡椒为主料制成的酱料，质地浓稠，味道酸甜微辣。

笑一笑 column ③

献给喜欢智力游戏、勤俭持家的你 厨余食谱

用的都是平常被当作厨余处理的食材。其中一些步骤特意留出了空白，请从3个选项中选出正确答案，通读全文后再制作。

题目①

蛋黄酱拌菜花梗

原料（1~2人份）

- 菜花梗 …………… 1块
- 色拉油 …………… 1/2小勺
- 盐 ………………… 少许
- 蛋黄酱 …………… 1~2小勺
- 炒黑芝麻 ………… 适量

做法

1. 把菜花梗切成条，放入耐热容器中，淋入色拉油，松松地盖上保鲜膜，用微波炉加热2分钟，撒少许盐。
2. （A）后加入（B）酱（C）。盛盘，撒些芝麻。

请从以下选项中选出正确答案：

1. A 做好　B 牛仔　C 包好
2. A 晾凉　B 蛋黄　C 拌匀
3. A 山田先生　B 蛙虫　C 外出

题目②

外焦里嫩！煎白萝卜丝

原料（1~2人份）

- 白萝卜皮 ………… 需1/2根白萝卜
- 土豆淀粉 ………… 1~2大勺
- 芝麻油 …………… 2大勺
- 盐、胡椒粉 ……… 少许
- 紫苏叶 …………… 适量

做法

1. 把白萝卜皮切成丝，加入土豆淀粉拌匀。
2. 在平底（A）中倒入（B）（C），分次加入①，煎至两面金黄，撒少许盐和胡椒粉。
3. 盘中铺入紫苏叶，盛盘。

请从以下选项中选出正确答案：

1. A 情绪　B 两家人　C 介绍
2. A 炸鸡　B 牛蒡　C 吃
3. A 锅　B 芝麻油　C 加热

题目③

脆煎鸡皮

原料（1~2人份）

- 鸡皮 ……………… 100克
- 盐、胡椒粉 ……… 少许
- 生菜 ……………… 适量

做法

1. 不用倒油，加热平底锅，放入鸡皮煎制，同时用（A）（B）（C）。把鸡皮煎至香脆，撒适量盐和胡椒粉。
2. 盛盘，点缀上（D）。

请从下面选项中选出正确答案：

1. A 吊带背心　B 遮挡　C 飞溅的油　D 西班牙油条
2. A 厨房纸　B 擦去　C 油脂　D 生菜
3. A 黄油面包卷　B 眼泪　C 吸取　D 喜欢的舞蹈

Part 4

日思夜想的

不一样的元气简餐

饭 & 面

碳水化合物是人类赖以生存的能量来源。
没有它，会觉得生活中少了些充实和快乐。
（摘自"米饭爱不停协会"会长吉田饭先生的手记。）←他是谁？

我特别喜欢吃白米饭。
有人说吃白米饭容易发胖，也有人说吃米饭不易发胖，
我从心底相信后者。　　好像还是吃胖了。

这部分收集了大碗盖饭、拌饭、烩饭、多里亚饭、粥、糯米饭和炒饭
等各式各样的饭食。
就算说全世界的各种饭都在这里了也不过分。　　太过分了！

除了米饭，这里还收录了我的心头大爱——面条。
用微波炉或平底锅就能做好的意大利面、总是吃不够的挂面、配有美
味酱汁的炒面，
忙碌时很快就能做好，也很适合下酒。

※ 乌冬面作为特邀嘉宾也在本章中出席了。

饭 日式

煎鸡肉和丸子大碗盖饭

用甜咸味酱汁拌着软嫩的鸡肉丸子和鸡肉。搭配海苔风味更佳。

建议选用鸡腿肉。我用的是鸡胸肉。

原料（2人份）

A
- 鸡绞肉 …… 200 克
- 酒、土豆淀粉 …… 各 1 大勺
- 砂糖、鸡精、芝麻油 …… 各 1/2 小勺
- 盐 …… 少许

- 鸡腿肉 …… 150 克
- 盐、胡椒粉 …… 少许
- 色拉油 …… 1/2 大勺

B
- 酱油 …… 3 大勺
- 砂糖、味醂、水 …… 各 2 大勺
- 豆瓣酱、姜末 …… 少许

C
- 土豆淀粉 …… 1/2 小勺
- 水 …… 2 大勺

- 米饭 …… 2 大碗
- 海苔 …… 1/2 片

D
- 葱花、炒白芝麻 …… 适量

做法

1. 把 A 充分拌匀，捏成 6~10 个丸子。鸡腿肉切成方便食用的小块，撒上盐和胡椒粉。
2. 在平底锅中倒入色拉油加热，将①码放入锅中，煎成金黄色。翻面，盖上锅盖，小火煎熟后盛出。
3. 擦去锅中油脂，倒入 B，煮沸后用混合均匀的 C 勾芡。把②倒回锅中，拌匀。
4. 在大碗中盛入米饭，铺上撕碎的海苔，盛上③，淋入锅中的酱汁，撒上 D。

用水淀粉勾芡可以使酱汁更加浓稠有光泽，不加也可以。

在鸡肉丸子里加了葱花和蛋清，超好吃！酱汁味道也很赞。（加奈子）

孩子们都大赞好吃！以后还要再做。(*^^*)（NINA）

Part 4 饭&面

碎猪肉豆芽盖饭

用的都是便宜的食材,味道却不打折扣。
豆芽和猪肉可以提前做好,
想吃的时候盛在米饭上,非常方便。

原料	(1人份)
碎猪肉或猪五花肉片	100 克
A 酒、砂糖、酱油	各 1 大勺
味醂	1 小勺
蚝油	1/2 小勺
胡椒粉、蒜泥	少许
豆芽	1/4 袋
B 芝麻油	1 小勺
盐	少许
色拉油	适量
鸡蛋	1 个
米饭	1 大碗
萝卜苗、炒白芝麻	适量

（A 不加也可以。）

做法

1. 猪肉用 A 腌一下。豆芽焯水挤干,加入 B 拌匀。
2. 在平底锅中倒入 1/2 大勺色拉油加热,打入鸡蛋煎成荷包蛋,盛出备用。
3. 锅中加入 1 小勺色拉油,将猪肉连调味汁一起倒入锅中炒熟。
4. 盘中盛入米饭,再盛入豆芽和肉片,淋上锅中的调味汁。加上荷包蛋,点缀上萝卜苗,再撒些芝麻。

（下锅后油滴会飞溅出来,请穿上围裙,小心烫伤。）

> 放了少许豆芽,一向讨厌蔬菜的儿子都吃掉了。超好吃的! ♡(*^^*)♡
> （真美 Muto）

蘑菇碎猪肉杂烩粥

低热量的蘑菇、有助于消化的白萝卜泥、祛寒暖胃的生姜,一道清淡的健康美食。
加入了少量猪五花肉,可以提味增鲜。
很适合小恙初愈时滋补身体。

> 放了白萝卜泥和生姜,味道很清爽。以后还会再做的。（香波玖）

原料	(2人份)
A 蟹味菇	1/2 包
金针菇	1/2 袋
猪五花肉片或碎猪肉	30 克
B 酒	1 大勺
盐	1/4 小勺
水	2 杯
C 米饭	1 碗
白萝卜泥	2 大勺
姜末	1/4 小勺
蘸面汁（2 倍浓缩）	1～2 大勺
蛋液	需 1 个鸡蛋
水菜	适量

做法

1. 把 A 切去根部,猪肉切成条。
2. 锅中放入 A 和 B,开火煮 5 分钟后放入猪肉煮熟。加入 C,煮沸后画圈淋入蛋液,盖上锅盖,关火。
3. 盛盘,点缀上水菜。

（可试尝一下,根据口味调整用量。）

（把米饭放入锅中稍微煮一下即可。我喜欢加入丰富的食材,请按照个人喜好调整食材的用量。）

酱拌鸡肉洋葱盖饭

经过小火慢煎,鸡皮口感香脆,搭配爽口的酱汁,相得益彰。
生病的人看到这道美食也会精神一振。（因为有医生。）

原料	(1人份)
鸡腿肉	1 块
A 酒	1 小勺
盐、胡椒粉	少许
洋葱	1/8 个
色拉油	1 小勺
米饭	1 大碗
B 橙醋	1 大勺
砂糖	1 小勺
柚子胡椒①	少许
黑胡椒碎	适量
紫苏叶	2 片

做法

1. 鸡肉把筋切断,撒上 A。把洋葱切成片,紫苏叶切成丝。
2. 在平底锅中倒入色拉油加热,将鸡肉皮朝下放入锅中,用中小火煎 6～7 分钟后翻面煎熟。放入洋葱炒至变软。
3. 把鸡肉切成方便食用的小块。在大碗中盛入米饭,依次盛入鸡肉和洋葱,淋上混合均匀的 B。点缀上紫苏丝,撒适量黑胡椒碎。

（煎至鸡肉侧面变白即可翻面。注意,不盖锅盖才能煎得香脆。）

（静置一会儿再切块,以免鸡肉出油。）

> 肉汁鲜美,橙醋柚子胡椒酱清爽下饭! 试尝了下,味道绝了!
> （Tana）

① 把青柚皮、盐、青辣椒混合磨碎做成的酱料。

西式

黄油酱香炒饭配滑蛋

简单版的蛋包饭。把做好的黄油煎蛋盛在米饭上，
用生菜装饰一下即可。炒饭的味道很受欢迎。

老公和公公都吃光了! 太感动了。
(ikkuu)

女儿大吃特吃,好像吃撑了! 以后一定要做给老公尝尝♡
(＊yoshimi＊)

原料（1人份）

蟹味菇	1/3 包
培根块	1厘米厚的1片
色拉油	适量
A 清汤味精	1/2 小勺
A 水	1 大勺
米饭	1 大碗
盐、胡椒粉	少许
B 黄油或人造黄油、酱油	各 1 小勺
C 蛋液	需1个鸡蛋
C 牛奶、蛋黄酱	各 1 大勺
C 盐、胡椒粉	少许
生菜	适量

做法

1. 蟹味菇切去根部，培根切成条。
2. 在平底锅中倒入 1/2 大勺色拉油加热，放入培根，炒至香脆后加入蟹味菇翻炒。依次倒入 A 和米饭翻拌一下，撒入盐和胡椒粉，炒至蟹味菇变软。加入 B 拌匀，关火盛盘。
3. 在锅中倒入 2 小勺色拉油加热，倒入混合均匀的 C。用筷子大致搅拌一下，蛋液半熟后关火，盛在②上，点缀上生菜。

> 为了使食材充分融入鲜美的味道，清汤味精要预先用水化开，淋入锅中。

> 先把炒饭盛在小碗中，再倒扣在餐盘中，可以使造型更立体，搭配滑蛋显得很丰盛。

> 生菜有点多余。

蒜香蘑菇培根拌饭

把炒好的食材和米饭拌在一起。
蒜香、酱油香、芝麻香，扑鼻的香气让人胃口大开。
紫苏丝有点多了，换成海苔丝应该会更好吃。

原料（2人份）

蟹味菇、灰树花菇	各 1/2 包
杏鲍菇	1 根
大蒜	1 瓣
紫苏叶	6 片
培根	1 片
色拉油	1 大勺
盐	1/4 小勺
A 炒白芝麻	1 大勺
A 酱油	略多于 1 小勺
A 味醂	1 小勺
米饭	2 碗

做法

1. 蟹味菇切去根部，灰树花菇和杏鲍菇撕成条。
2. 大蒜切碎，紫苏和培根切成丝。
3. 在平底锅中倒入色拉油加热，放入大蒜和培根炒香。加入各种蘑菇，撒少许盐，炒至蘑菇变软，加入 A 炒匀，再加入米饭拌炒。
4. 盛盘，点缀上紫苏。

> 懒得炒的话，把米饭倒入锅中拌匀即可。

> "咦，为什么没有刚出锅时好吃？" 拌饭放久了味道会变淡，建议先炒好菜，吃的时候再拌。

> 喜欢吃大蒜的我无法抗拒(｡>∀<｡)。做了2人份的，明天继续吃。非常感谢这份食谱，超赞! （八公）

> 试着用黄油炒的。老公1个人吃了2人份。宝宝才1岁半，也吃了不少。(aikoro)

Part 4 饭&面

蛤蜊浓汤风味烩饭

把全部食材放入电饭锅中即可。（不用按下开关吗？）
加入了蛤蜊罐头和牛奶，味道浓郁鲜美。

老公连说了两次"好吃"，吃得津津有味。（九州女。）

整罐 180 克，连罐头汁一起倒入锅中。1 罐可以煮 3 合米。

原料	（便于制作的量）
大米	2 合
胡萝卜	1/3 根
洋葱	1/4 个
培根	1 片
A { 蛤蜊罐头	1 罐
黄油或人造黄油	1 大勺
清汤味精	2 小勺
蒜泥	1/2 小勺
牛奶	适量
盐、胡椒粉	少许
干欧芹	适量

略少于 1 杯。

做法

1. 大米淘洗后用水浸泡 10 分钟，沥干。
2. 胡萝卜去皮，和洋葱一起切碎。培根切成条。
3. 把①和②放入电饭锅中，倒入 A，加入牛奶至 2 合对应的刻度，按照一般程序煮饭。
4. 用盐和胡椒粉调味。盛盘，撒适量干欧芹。

米兰风味多里亚饭

再现了一家人气餐厅的推荐菜品。
看起来复杂，其实肉酱和奶油白酱都是用微波炉做的，很简单。

原料	（2人份）
A { 猪肉牛肉混合绞肉或猪绞肉	100 克
番茄酱	2 大勺
英国辣酱油、酒	各 1/2 大勺
砂糖	1 小勺
清汤味精	1/2 小勺
小麦粉	1 小勺
B { 小麦粉	2 大勺
黄油或人造黄油	1 大勺
牛奶	1½ 杯
C { 清汤味精、盐、胡椒粉	少许
米饭	2 碗
D { 黄油或人造黄油	1 小勺
盐、胡椒粉	少许
蒜泥（根据口味添加）	少许
乳酪片	2 片
干欧芹	适量

加热前要把绞肉充分拌匀。

做法

1. 把 A 倒入耐热容器中，撒入小麦粉，拌匀。松松地盖上保鲜膜，用微波炉加热 5 分钟后拌匀。
2. 把 B 倒入另一个耐热容器中，不用盖保鲜膜，放入微波炉加热 1 分钟后用打蛋器拌匀，然后边加入牛奶边不断搅拌。放入微波炉加热 3～4 分钟，搅拌一下。重复 3～4 次加热、搅拌的过程，直至奶油白酱变稠，然后用 C 调味。
3. 米饭加入 D 拌匀，放入耐热容器中。淋入奶油白酱，中央盛上肉酱，把乳酪片撕碎，撒在肉酱周围。送入烤箱烤至乳酪变成金黄色，撒适量干欧芹。

请用大号深口容器，以免奶油白酱沸腾时溢出。奶油白酱晾凉后会变稠。

烤好后乳酪鼓起来了，应该先铺一层乳酪，再放入肉酱。

肉酱和奶油白酱用微波炉就能轻松做好，调味料都是家中现成的，不会做菜的老公也能搞定。（魔芋丝）

中式

鸡丝粥

原本应该用生米煮粥，不过为了方便，我用了米饭。撕鸡肉会弄得满手黏糊糊的，建议戴上一次性手套。

> 也可以用鸡腿肉或鸡胸肉。

原料（2人份）

- 鸡翅⋯⋯⋯⋯⋯3个
- A
  - 盐⋯⋯⋯⋯1/4 小勺
  - 鸡精⋯⋯⋯⋯1 小勺
  - 米饭⋯⋯⋯⋯1 碗
  - 水⋯⋯⋯⋯⋯3 杯
- 芝麻油⋯⋯⋯⋯1 小勺
- B
  - 黑胡椒碎、葱花
  - ⋯⋯⋯⋯⋯适量

做法

1. 把鸡翅从骨头的缝隙入刀切开。
2. 锅中放入鸡翅和A，用中小火煮15～20分钟后捞出鸡翅，把鸡肉撕成条。
3. 把②盛入碗中，淋入芝麻油，撒适量B。

> 煮制时水分会大量蒸发，可酌情加些水，把粥调整到自己喜欢的浓稠度。

> 最后放鸡肉显得更丰盛。

> 看食谱时很惊讶——食材超少，做法超简单，做好后很惊喜——鸡翅还有这样的妙用呢！（文福）

中华糯米饭

尝试了多种做法，终于做出了餐馆的味道。
不必准备贵的食材（干虾之类的），用电饭锅就可以做出来。
请一定要试试。

原料（便于制作的量）

- 糯米⋯⋯⋯⋯⋯2 合
- 香葱⋯⋯⋯⋯⋯少许
- 干香菇⋯⋯⋯⋯3 朵
- 叉烧肉（市售）⋯⋯100 克
- 芝麻油⋯⋯⋯⋯1 大勺
- 姜末⋯⋯⋯⋯⋯1/2 小勺
- A
  - 砂糖、蚝油、酱油
  - ⋯⋯⋯⋯各 1 大勺
  - 味醂⋯⋯⋯⋯1/2 大勺
- 鸡精⋯⋯⋯⋯⋯2 小勺
- 葱花⋯⋯⋯⋯⋯适量

做法

1. 糯米淘洗干净，用足量水浸泡1小时后用笊篱捞出，静置至少30分钟。
2. 香葱切碎，干香菇用水泡发后和叉烧肉一起切成小块。
3. 在平底锅中倒入芝麻油加热，放入姜末和②炒香，加入A炒匀。
4. 把糯米和泡香菇的水一起倒入电饭锅中，加水至略低于2合米对应的刻度。把③连汤汁倒入电饭锅中，放入鸡精，按正常程序煮饭。
5. 煮好后简单翻拌一下，盖上锅盖焖制一会儿。盛盘，撒些葱花。

> 关键是要让糯米吸足水分，然后盛到笊篱中静置沥干。

> 如果米粒仍然有硬芯，可加少许水继续煮制。据说这样煮出来的饭更香软可口。注意，糯米饭煮好后不要长时间保温，以免米粒变得湿黏。

> 如果电饭锅有煮糯米饭模式，煮好后即可盛盘，无须焖制。

> 非常成功！受到家人的一致好评！以后还想做。(chonchon)

> 父亲节那天做好了带去公公家，公公表扬我了呢！大概也发现了我这个儿媳妇是支潜力股！(^^)v　　（瞳）

东南亚风味

咖喱炒饭

家里没有咖喱粉，用咖喱块做的。
不用担心成品湿黏，偶尔换换口感不也挺好的吗？

原料（1人份）

- 洋葱 ······ 1/8 个
- 香肠 ······ 2 根
- 咖喱块 ······ 1 块
- 色拉油、蛋黄酱 ······ 适量
- A：冷冻玉米粒、水 ······ 各 1 大勺
- 米饭 ······ 1 大碗
- B：番茄酱、英国辣酱油 ······ 各 1/2 小勺；酱油 ······ 少许
- 鸡蛋 ······ 1 个
- C：黑胡椒碎、干欧芹 ······ 适量
- D：生菜、黄瓜片、樱桃番茄 ······ 适量

做法

1. 洋葱切碎，香肠切成圆片。
2. 把咖喱块压碎。
3. 在平底锅中倒入 1 小勺色拉油加热，放入①炒香，加入 A 并关火。放入咖喱块，溶化后加入米饭拌匀。开火煮至水分蒸发，加入 B 炒匀，盛出备用。
4. 把平底锅擦拭一下，倒入 1/2 大勺色拉油加热，打入鸡蛋，煎成荷包蛋。
5. 把 D 和③盛盘，盛上④。在 D 上挤些蛋黄酱，撒上 C。

要快速炒匀，以免咖喱糊锅。

用咖喱块代替咖喱粉，一向怕辣的老公也吃得眉开眼笑。摆盘看看就有食欲。（air☆）

女儿比较挑食，吃完后居然说还想吃。（≧▽≦）（baru）

虾仁炒饭

滑嫩的虾仁，鲜香的米饭，味道很值得推荐。
把虾仁盛在米饭上，看起来丰盛诱人。
保证是地道的东南亚风味。

没有蚝油的话，用酱油也可以。

原料（1人份）

- 虾 ······ 4 只
- 盐、胡椒粉 ······ 少许
- 香葱 ······ 少许
- 芝麻油 ······ 1 大勺
- A：蒜泥、姜末 ······ 各 1/4 小勺；红辣椒（根据口味添加）······ 1 个
- 米饭 ······ 1 大碗
- B：鸡精、蚝油 ······ 各 1/2 大勺；盐、胡椒粉 ······ 少许
- 黑胡椒碎 ······ 少许

做法

1. 虾去壳，从背部切开，挑去虾线，撒上盐和胡椒粉。香葱切碎。
2. 平底锅中倒入芝麻油加热，依次放入香葱、A 和虾仁，炒至虾仁变色后盛出，倒入米饭和 B 炒匀。
3. 炒饭盛盘，盛上虾仁，撒少许黑胡椒碎。

以前做菜也经常放蚝油，为什么只有这次做得好吃呢？(^з^)-☆（小昌）

已经成了我家常吃的炒饭！（小粒）

微波炉意大利面

葱香木鱼花黄油意大利面

用香葱、大蒜、木鱼花、黄油、蘸面汁调成汤底煮面，除了香葱几乎没什么配菜，却好吃得停不下口。

原料（1人份）

- 香葱 …… 少许
- 大蒜 …… 1瓣
- 意大利面 …… 100克
- A
  - 蘸面汁（2倍浓缩）…… 1大勺
  - 色拉油 …… 1小勺
  - 日式清汤味精 …… 1/2小勺
  - 盐 …… 少许
  - 水 …… 略多于1杯
- B
  - 木鱼花 …… 1~2勺
  - 黄油或人造黄油 …… 1小勺
  - 酱油 …… 少许
- C 葱花、海苔丝 …… 适量

做法

1. 香葱斜切成段，大蒜切成片。
2. 把意大利面折断，放入耐热容器中，加入①，淋上A。不用盖保鲜膜，放入微波炉中，参考包装袋上标注的时间多加热3分钟，然后加入混合均匀的B拌一下。
3. 盛盘，撒上C。

> 最好选用耐热平底方盘，这样可以使意大利面完全浸没在汤汁中。

> 不放心的话可以中途取出，翻拌一下继续加热。（有什么不放心的呢？）

> 简单又好吃的日式意面！备好调味料，饿了又懒得做饭的时候，切根葱就能搞定！
> （linus）

洋葱培根意大利面

极简版微波炉意大利面。
食谱中标注的水量刚好，一部分水在加热过程中蒸发了，意大利面则充分吸收了汤汁，就像现做的手工意面一样柔软弹牙。

原料（1人份）

- 洋葱 …… 1/8个
- 大蒜 …… 1瓣
- 培根 …… 1片
- 意大利面 …… 100克
- A
  - 清汤味精、橄榄油 …… 各1小勺
  - 盐 …… 1/4小勺
  - 水 …… 略多于1杯
  - 辣椒（根据口味添加）…… 1个
- 紫苏叶 …… 2片
- 黑胡椒碎 …… 适量

做法

1. 洋葱和大蒜切成片，培根切成细条。
2. 把意大利面折断，放入耐热容器中，加入①，淋上A。不用盖保鲜膜，放入微波炉中，参考包装袋上标注的时间多加热3分钟，然后拌匀。
3. 盛盘，把紫苏切成丝点缀在表面，撒些黑胡椒碎。

> 如果用长方形耐热容器，面条无须折断。

> 如果面还有点硬，可延长加热时间，每次加热1分钟，直至面条变柔软。其间可酌情补充些水。

> 只是把食材用微波炉热熟，估计不会好吃。欸？我怎么一口接一口停不下来了？以前做意大利面花那么多功夫，岂不都白费了？
> （◆◇★Honey★◇◆）

平底锅意大利面

奶油意大利面

直接把意面放入酱汁中煮熟，意餐大厨看见的话大概会暴怒。
煮制过程中水分会大量蒸发，无须加入鲜奶油，煮好的面很黏稠。
配上溏心蛋，就是卡尔博纳罗①意面。

原料（1人份）

- 大蒜……1瓣
- 绿芦笋……3根
- 香菇……1朵
- 溏心蛋……1个
- 培根……1片
- 橄榄油或色拉油……1小勺
- A
  - 牛奶……1杯
  - 固体汤块……1/2块
  - 盐、胡椒粉……少许
  - 水……3/4杯
- 意大利面……100克
- 乳酪粉……1大勺
- 盐、胡椒粉……适量
- B
  - 黑胡椒碎、乳酪粉……适量

做法

1. 把大蒜切成片。
2. 绿芦笋根部去皮，切成4～5厘米长的段。香菇切成片，培根切成细条。
3. 在平底锅中倒入橄榄油和大蒜，小火炒香后放入②，炒至绿芦笋变软。加入A煮沸，放入意大利面。
4. 调至中小火，参考意大利面包装上标注的时间多煮1～2分钟，然后加入乳酪粉拌匀，用盐和胡椒粉调味。盛盘，加一个溏心蛋，撒上B。

> 可以不加。家里刚好剩一朵，就加进去了。

> 面条一开始无法完全浸没在奶汁中，煮软后就OK了。也可以先折断再煮。

> 边煮边搅拌，以免面条粘连。

> 容易做又好吃，老公都夸我了！这一餐吃得心满意足。（杰丽妈妈）

> 3岁的儿子超爱吃，求我以后每天都做。已经连着做2天了。m(_ _)m（KAORI）

博洛涅塞风味通心粉

在炒好的蔬菜中加些水，放入通心粉煮熟即可。
不用番茄罐头，加些番茄酱就能做出孩子喜欢的味道。
肉香浓郁，喝着小酒不知不觉就吃完了，嗝。

原料（2人份）

- 大蒜……1瓣
- 洋葱……1/4个
- A
  - 橄榄油或色拉油……1小勺
  - 红辣（切圈）……1/2根
- 猪肉牛肉混合绞肉或猪绞肉……150克
- 盐、胡椒粉……少许
- B
  - 番茄酱……2大勺
  - 英国辣酱油……1大勺
  - 清汤味精、砂糖……各1小勺
  - 水……2杯
- 通心粉（快熟型）……100克
- 番茄酱……1～2大勺
- 乳酪粉……适量
- 干欧芹……适量

做法

1. 把大蒜和洋葱切碎。
2. 把A和蒜末倒入平底锅中，开火炒香后放入洋葱和绞肉翻炒，撒少许盐和胡椒粉调味。
3. 炒至洋葱变透明，加入B煮沸。放入通心粉，调至小火，边煮边搅拌，煮熟后加入番茄酱拌匀。
4. 盛盘，撒上乳酪粉和干欧芹。

> 可根据个人口味增减用量。

> 不用预先煮熟，直接与蔬菜同煮即可。

> 不会做菜的我居然轻松做出了这么时髦有范儿的意大利面！番茄酱家家都有，很实用。（彩空 asora）

---

① carbonaro，用蛋黄、火腿、碎干酪或鲜奶油制成的意大利面酱。

挂面

冲绳什锦炒面

去年夏天不知道做过多少次，百吃不厌。
美味的秘诀是把挂面煮得硬一些，
以保留筋道的口感，再加少许油拌匀防粘。

原料（2人份）

- 挂面 …………… 2小把
- 色拉油 …………… 适量
- 猪五花肉片 ………… 50克
- 蛋液 ………… 需2个鸡蛋
- 芝麻油 …………… 适量
- 豆芽 …………… 1/3袋
- A
  - 鸡精、酱油 … 各1小勺
  - 砂糖 …………… 1小撮
  - 盐、胡椒粉 …… 少许
- B
  - 黑胡椒碎、葱花
  - …………… 适量

做法

1. 把挂面放入足量热水中煮熟，煮得硬一点，然后冲凉、沥干。加少许色拉油，拌匀。
2. 把五花肉片切成小片。
3. 在平底锅中倒入1小勺色拉油加热，倒入蛋液拌一下，炒至五分熟后盛出。
4. 倒入足量芝麻油，放入肉片炒至变色，加入豆芽炒软，依次放入挂面、炒蛋和A，炒匀。
5. 盛盘，撒适量B。

> 怕麻烦的话可以省去冲凉这一步，后续多加些油拌炒。

> 太美味了，笑着吃完的。面部肌肉好累，囧。（manamana）

> 以后这就是我的午饭了。家里没有猪肉片，用火腿片做的，也很好吃。（fujinon）

> 不用炒太久，以免糊锅。加入挂面后拌一下即可关火。

> 也可以用木鱼花代替。

> 我用乌冬做的(OvO)，很好吃！（小绿）

> 没有豆瓣酱，用韩式辣酱做的，味道也很配。可以当作一道主菜了！（aya）

辣味蛋黄酱面条沙拉

我记得这道面是在滴水成冰的时候拍的。（为你点赞。）
用自制的辣酱把面条和蔬菜拌一下就好。
辛香浓郁，搭配蛋黄酱相得益彰。

原料（2人份）

- 挂面 …………… 3小把
- 猪五花肉片或碎猪肉
- …………… 50克
- 水菜 …………… 1小把
- 樱桃番茄 ………… 2颗
- 生菜 …………… 2片
- A
  - 酱油、砂糖
  - …………… 各1大勺
  - 醋、芝麻油
  - …………… 各1/2大勺
  - 蚝油、豆瓣酱
  - …………… 各1小勺
  - 蒜泥、姜末 …… 少许
- 炒白芝麻、蛋黄酱 … 适量

做法

1. 把挂面和肉片放入足量热水中煮熟，捞出后把挂面冲凉沥干。
2. 水菜切段，樱桃番茄对半切开，生菜撕成小片。
3. 把A混合均匀，加入①和②中拌匀。
4. 盛盘，撒上芝麻，挤些蛋黄酱。

> 用乌冬面做也很好吃。

中华蒸面

炒面烩饭

吃剩的面条加些米饭拌炒，一点也不浪费。老公夸我勤俭持家。女儿以风卷残云的速度吃完了，一少半都掉在桌子上了。

> 只是用酱汁炒了一下，居然这么香，面酥也很搭。想再配一碗白米饭吃（苦笑）。（罗丹）

原料（2人份）

- 洋葱……1/4 个
- 卷心菜叶……1 片
- 猪五花肉片……50 克
- 盐、胡椒粉……少许
- 中华蒸面……1 团
- 色拉油……2 小勺
- 米饭……1 碗
- A ┌ 英国辣酱油……1 大勺
  │ 酱油、味醂、炸猪排酱
  └ ……各 1/2 大勺
- 面酥……1~2 大勺
- 葱花（根据口味添加）……适量

做法

1. 洋葱和卷心菜切碎，肉片切成小块，撒上盐和胡椒粉，面条切成小段。
2. 在平底锅中倒入色拉油加热，放入肉片炒至变色，加入洋葱，炒至洋葱变软后加入卷心菜、面条和米饭拌炒。加入 A 炒匀，关火，放入面酥拌匀。
3. 盛盘，根据个人口味撒些葱花。

> 可以套着包装袋切好，以免面条散落。

> 不加面酥也可以，有的话口感更丰富。

味噌酱汁炒面

酱汁中加入了烤肉酱和味噌，浓稠鲜美。
一开始打算拌着生鸡蛋吃，
但面条也会随之变冷，只好煎成了荷包蛋。

> 酱汁+肉片，绝配。鸡蛋几乎是生的，不过和面拌在一起，味道浓郁而不失清爽。（得子）

原料（1人份）

- 猪五花肉片……50 克
- 盐、胡椒粉……少许
- 卷心菜叶……1 片
- 色拉油……2 小勺
- 中华蒸面……1 团
- 酒……1 大勺
- 豆芽……1/3 袋
- A ┌ 烤肉酱、英国辣酱油
  │ ……各 1 大勺
  └ 味噌、砂糖……各 1 小勺
- 鸡蛋……1 个
- B ┌ 木鱼花、炒白芝麻……适量

做法

1. 把猪肉切成方便食用的小片，撒上盐和胡椒粉。卷心菜撕成小片。
2. 在平底锅中倒入 1 小勺色拉油加热，放入肉片炒至变色，盛出。
3. 放入面条，不用拨散，煎至两面金黄。淋入酒，把面条拨散，放入肉片、卷心菜和豆芽拌炒。加入 A 拌匀，盛盘。
4. 在锅中加入 1 小勺色拉油，打入鸡蛋，煎至半熟后盛盘，撒适量 B。

> 煎到两面变脆即可。如果面条量较多，可以先用微波炉加热一下，然后轻轻拨散，这样更容易煎脆。

> 温热即可，在几乎生的状态下关火。

海鲜炒面

想把炒面做成日式什锦煎饼的味道，居然成功了。
调味料中加入了味醂，凸显了海鲜的鲜美。
配上啤酒，以后不用去煎饼店了。

> 换成猪肉片和香葱也很美味。

> 抱着怀疑的态度放了味醂，没想到能炒出这样好吃的面。以后买日式什锦煎饼附赠的酱汁都可以留下备用了。（志志感）

原料（1人份）

- 鱿鱼须……50 克
- 虾仁……30 克
- A ┌ 酒……1 小勺
  └ 盐、胡椒粉……少许
- 卷心菜叶……1 片
- 色拉油……2 小勺
- 中华蒸面……1 团
- 酒……1 大勺
- 豆芽……1/3 袋
- B ┌ 芝麻油、味醂……各 1 大勺
  │ 鸡精、盐
  └ ……各略少于 1/2 小勺
- 黑胡椒碎……适量

做法

1. 将鱿鱼须切成方便食用的小段，和虾仁一起撒上 A。卷心菜撕成小片。
2. 在平底锅中倒入色拉油加热，放入鱿鱼须和虾仁炒至变色，盛出备用。
3. 放入面条，不用拨散，煎至两面金黄。淋入酒，拨散面条，放入卷心菜和豆芽拌炒。加入 B，炒匀后放入②拌匀。
4. 盛盘，撒上黑胡椒碎。

> 海鲜长时间炒制会失去鲜嫩的口感。先盛出来，稍后再拌在一起。

recipe column 3

微波炉冷冻乌冬面 VS. 面馆风味中华面

把冷冻乌冬面放入耐热容器中,用微波炉"叮"一下即可。(叮咚——有人来蹭饭了。)
中华面煮熟后配上炒好的食材,在家就能做出面馆风味。午餐吃面再合适不过了。

火锅风味乌冬面

> 用牛肉也可以。(其实用牛肉更好吃。)

原料 (1人份)

猪五花肉片	40克
A〔酱油、砂糖	各略多于1大勺
香葱	少许
蟹味菇	1/3包
冷冻乌冬面	1团
鸡蛋	1个
葱花、炒白芝麻	适量

做法

1. 把肉片切成方便食用的小片,用A腌制入味。
2. 香葱斜切成小段,蟹味菇切去根部。
3. 冷冻乌冬面过水,放入耐热容器中,依次铺上②和①。松松地盖上保鲜膜,用微波炉加热7分钟,拌匀。
4. 盛盘,打入鸡蛋,撒上葱花和芝麻。

> 也许看起来尚未熟透,拌一下可以利用余热烫熟。

什锦乌冬

原料 (1人份)

猪五花肉片	30克
盐、胡椒粉	少许
土豆淀粉	适量
卷心菜叶	1片
冷冻乌冬面	1团
A〔牛奶	1/4杯
鸡精	略少于1大勺
砂糖、味噌	各1小勺
蒜泥、姜末	各1/4小勺
胡椒粉	少许
水	1/2杯
玉米粒、黑胡椒碎	适量

做法

1. 将肉片切成3厘米长的条,撒上盐和胡椒粉,再撒一层土豆淀粉。卷心菜撕成小片。
2. 把冷冻乌冬面放入耐热容器中,铺上①,淋上混合均匀的A。松松地盖上保鲜膜,用微波炉加热7～8分钟,拌匀。
3. 盛盘,撒上玉米粒和黑胡椒碎。

> 味噌一定要充分化开,酱汁要分次淋入食材中,每加入一部分后都要拌匀。

> 忘记放鱼糕了!念叨了半天,还是忘了。

意式香辛乌冬面

原料 (1人份)

紫苏叶	4片
大蒜	1瓣
冷冻乌冬面	1团
A〔橄榄油或色拉油	1大勺
盐	1/4小勺
酱油	少许
黑胡椒碎	适量

做法

1. 紫苏叶切丝,大蒜切片。
2. 冷冻乌冬面过一下水,和大蒜一起放入耐热容器中,淋上混合均匀的A。松松地盖上保鲜膜,用微波炉加热4～5分钟,拌匀。滴几滴酱油,加入紫苏叶丝拌一下。
3. 盛盘,撒适量黑胡椒碎。

> 紫苏叶丝拌上热面条,很悲剧地变成黑色了,盛盘后又撒了一些补救。

猪肉豆芽面

原料（2人份）

- 猪五花肉片 ……………… 100 克
- 豆芽 ……………………… 2/3 袋
- A
  - 鸡精 …………………… 1½ 大勺
  - 盐、蒜泥 …………… 各 1/4 小勺
  - 味噌、味醂 ………… 各 2 小勺
  - 水 …………………………… 3 杯
- 中华面 ……………………… 2 团
- 芝麻油 …………………… 1 小勺
- B 黑胡椒碎、炒白芝麻、葱花 … 适量

> 最好用鲜面。

做法

1. 肉片切成 2 厘米长的条。
2. 加热平底锅，不用倒油，放入肉片翻炒至变色，加入豆芽炒软，再倒入 A 煮沸。
3. 中华面参考包装上标注的时间煮熟，沥干后盛入碗中。加入②，淋上芝麻油，撒上 B。

炸酱面

> 用豆瓣酱代替甜面酱，别有一番风味。做好的炸酱配米饭或乌冬面都不错。

原料（2人份）

- A
  - 大蒜 ……………………… 1/2 瓣
  - 生姜 ……………………… 1/2 小块
  - 香葱 ………………………… 少许
- 干香菇 ……………………… 1 朵
- 黄瓜 ………………………… 1/2 根
- 色拉油 …………………… 2 小勺
- 猪肉牛肉混合绞肉或猪绞肉 …………………………… 150 克
- B
  - 酒、砂糖、味噌 ……… 各 1 大勺
  - 酱油 ……………………… 1 小勺
  - 豆瓣酱、鸡精 ………… 各 1/2 小勺
  - 水 ………………………… 120 毫升
- C
  - 土豆淀粉 ……………… 1 大勺
  - 水 ………………………… 2 大勺
- 芝麻油 …………………… 1 小勺
- 中华面 ……………………… 2 团
- 溏心蛋 ……………………… 2 个

> 不加也可以。

做法

1. 把 A 切碎，干香菇泡发后切成小丁，黄瓜切成丝。
2. 在平底锅中倒入色拉油加热，放入 A 炒香后放入绞肉翻炒。加入香菇和 B，煮 1 分钟。用混合均匀的 C 勾芡，淋入芝麻油煮沸。
3. 中华面参考包装上标注的时间煮熟、冲凉、沥干后盛盘。盛上②，搭配黄瓜丝和切成两半的溏心蛋。

微波炉蘸汁面

原料（1人份）

- 豆芽 ……………………… 1/3 袋
- 木鱼花 …………………… 1 小勺
- A
  - 酱油、砂糖、蚝油、味噌、芝麻油 ……………………… 各 1 小勺
  - 鸡精、日式清汤味精、豆瓣酱 ……………………… 各 1/4 小勺
  - 蒜泥、姜末 ………………… 少许
  - 水 ……………………… 1/4～1/2 杯
- 水煮蛋 ……………………… 1 个
- 中华面 ……………………… 1 团
- 醋或柠檬汁（根据口味添加） ……………………………… 1 小勺
- B 葱花、炒白芝麻 …………… 适量

做法

1. 豆芽焯熟，控干水。
2. 把木鱼花捏碎，和 A 一起放入耐热容器中，松松地盖上保鲜膜，用微波炉加热 1 分钟。拌匀，倒入碗中，根据个人口味滴少许醋。加入豆芽和切成两半的水煮蛋，撒上 B。
3. 中华面参考包装上标注的时间煮熟、冲凉、沥干后盛盘。

> 为了再现蘸汁丰富的味道层次，家里好吃的调味料都用上了。

> 面条煮好后趁热吃。

笑一笑 column ④

莫名电子邮件食谱

白萝卜炖鸡肉丸子

原料（2人份）

白萝卜		1/3 根
A	鸡绞肉	200 克
	盐	少许
	酒	1 大勺
	砂糖、鸡精	各 1/2 小勺
	土豆淀粉	1/2 大勺
色拉油		1 小勺
B	酒	2 大勺
	酱油	1/2 大勺
	日式清汤味精、味醂	各 1 小勺
水菜		适量

做法

您有一封新邮件，请点击查看。

1 主题：奉上 1 亿日元，您可以把白萝卜削去厚厚的一层皮吗？

正文

很抱歉冒昧给您发邮件，有重要的事要拜托您帮忙。
我有份 1 亿日元的遗产可以继承，可我并不需要这笔钱。
所以打算遵照遗嘱，把它赠给心地善良之人。
条件是您可以把白萝卜削去厚厚的一层皮，切成滚刀块。

2 把 A 中的食材按照标注的顺序倒入料理碗中，
每加入一种食材后都要充分拌匀，捏成方便食用的小丸子。
（后续步骤请点击链接。→ http://daikon.daisuki.com）

* * * * * * * * * * * * * * *

3 主题：我是 Musical Academy 男子偶像团成员，
　　　能拜托您把丸子两面煎成金黄色吗？

正文

很抱歉打扰您。平时经纪人不允许我下厨，请您替我保密好吗？
麻烦您在平底锅中倒入色拉油加热，把鸡肉丸码放在锅中，
煎至两面金黄。加入白萝卜，倒入刚没过食材的水，加入 B。
至于为什么拜托您这么做，有机会的话我会当面向您解释清楚。
这是我的私人邮箱，请不要外传哦。（Tsukune.tsukuru@ne.jp）

* * * * * * * * * * * * * * *

4 主题：好久不见～ヾ（=^▽^=）ﾉ 提醒您关于锅盖的事情♡。

正文

您最近还好吗？我是上次盖着锅盖、用小火把白萝卜炖熟的绫香♡。
对了，盛盘后我还点缀了一些水菜呢！忘记把锅盖还给您了，
请您联系这个邮箱，会送还给您的。（samasutoajigasimimasu@ne.jp）

Q. 谁会发这种内容简单又莫名其妙的邮件呢？

A. 每一封都写着操作步骤，仔细看、好好做就行啦，不要想太多嘛！

Part 5

不一样的元气简餐

有格调的

小酒馆风味下酒菜

我和老公经常对饮闲聊，下酒菜必不可少。
于是琢磨出了一些不错的下酒小菜。

这部分收集的都是小酒馆风格的菜式，
包括可以快速上桌的小菜、
摆盘漂亮的宴客菜、
适合和清酒一起小口慢品的煮食等。
力求做到色香味俱全。

当然也收录了一些大家熟悉的菜式。
其中有好多菜式孩子们也爱吃，
很适合当作家常小菜。

"没有不适合下酒的菜，只有不适合喝酒的人。"

对我来说，有酒有菜就足够幸福了。
我从不挑剔，新鲜蔬菜、米饭、面包，
甚至蛋糕或者红豆大福，都可以下酒。
就算是汉堡配清酒，我也能心平气和地享用。

例如炒青椒。

奇葩搭配，你好像很自豪啊！

肉

脆煎鸡蛋猪肉

只用了三种食材，成品却很丰盛。
卷心菜是和肉蛋一起煎制、还是卷肉，又或者直接铺盘？
我有选择困难症，最后还是把它切丝盛盘，拌着吃完了。

原料 (2人份)

卷心菜叶	1片
色拉油	1小勺
猪五花肉片	150克
盐、胡椒粉	少许
鸡蛋	2个
日式煎饼酱或炸猪排酱、蛋黄酱	适量

做法

1 卷心菜叶切成丝。

2 在平底锅中倒入色拉油加热，把肉片码放在锅中，撒上盐和胡椒粉，煎至肉片微焦。把鸡蛋打在肉片上，盖上锅盖煎至鸡蛋五分熟，戳破蛋黄，把锅中食材翻面煎一下。

3 盛盘，挤适量煎饼酱和蛋黄酱，配上卷心菜丝。

> 比铁板蛋包肉简单多了，很好吃，而且是不含面粉的轻食。煎饼酱＋蛋黄酱美味无敌！ (kosachan)

> 猪肉脆嫩多汁，鸡蛋口感软嫩，绝配！淋上酱汁，拌着卷心菜吃，完美！ (suzuchan)

> 把蛋黄酱装入保鲜袋中，用牙签扎个小孔，即可挤成细丝状。

Part 5 小酒馆风味下酒菜

茄子白萝卜泥佐味噌肉饼

肉饼中通常会加一些洋葱和鸡蛋，我换成了茄子和蛋黄酱。茄子吸收了鲜美的肉汁，肉饼更加软嫩多汁。

原料（6个）

- 面包糠、牛奶 …… 各2大勺
- 茄子（小个儿的）…… 2个
- A
  - 猪绞肉或者猪肉牛肉混合绞肉 …… 150克
  - 盐 …… 1小撮
- B
  - 酒、味噌、蛋黄酱 …… 各1大勺
- 色拉油、白萝卜泥、橙醋、葱花 …… 适量
- 盐 …… 少许
- 紫苏叶（根据口味添加）…… 适量

做法

1. 面包糠用牛奶泡一下。
2. 茄子外皮削成条纹状，切成6片1厘米厚的圆片，剩下的切成丁。
3. 把A充分拌匀，加入面包糠、茄子丁和B，混合均匀后分成6等份，捏成丸子。
4. 在平底锅中倒入1大勺色拉油加热，把茄子片码放在锅中，两面煎熟后盛出，撒少许盐。
5. 把平底锅擦拭一下，倒入1小勺色拉油加热。放入肉丸，煎成金黄色后翻面，加入水，没过肉丸的1/3即可，半掩锅盖，用中小火煮至水分蒸干。
6. 盘中铺入紫苏叶，盛上肉丸，每个肉丸上依次放上茄子片和白萝卜泥。淋上橙醋，撒些葱花。

造型特别，儿子好奇地尝了一个，惊讶地问："真好吃！是妈妈想出来的吗？"（buchi）

肉丸中含有味噌，不加橙醋也可以。

很快就做好了，好感动啊！（chibinui）

民族风鸡肉

看似高手的大作，其实只要把鸡肉煎熟即可。用的都是家常调味料，却做出了民族风味。哪里有民族风了？别急，要细细品味才能觉察。

原料（2人份）

- 鸡腿肉 …… 1块
- 盐、胡椒粉 …… 少许
- 紫洋葱 …… 1/8个
- 鸭儿芹 …… 1小把
- 色拉油 …… 1小勺
- 柠檬片 …… 3片
- A
  - 醋、砂糖 …… 各1大勺
  - 蚝油 …… 1小勺
  - 豆瓣酱 …… 1/2小勺
  - 姜末 …… 少许

做法

1. 鸡肉把筋切断，将较厚的部分片开，使整块肉厚薄均匀，撒上盐和胡椒粉。
2. 紫洋葱切成片，用水泡一下后沥干。鸭儿芹切成小段。
3. 在平底锅中倒入色拉油加热，将鸡肉皮朝下放入锅中，煎成金黄色后翻面，盖上锅盖煎熟。
4. 把鸡肉切成方便食用的小块。盛盘，码放上②和柠檬片，淋上混合均匀的A。

试尝时被惊艳到了！真的有民族风，而且浓淡适宜。没想到简单的食材也能做出这样的味道！（森本有纪）

紫洋葱、鸭儿芹和柠檬主要用于装饰，没有也没关系，有酱汁就可以了。

土豆猪肉卷

食材很简单，但我保证绝对好吃。普通肉卷要么容易散开，要么下锅后油滴飞溅。试做一下这款肉卷，你会喜欢的。

原料（6个）

- 土豆 …… 2个
- A
  - 蛋黄酱 …… 2大勺
  - 醋 …… 1小勺
  - 砂糖 …… 1/2小勺
  - 盐 …… 1/4小勺
- 猪里脊肉 …… 6片
- 盐、胡椒粉 …… 少许
- 色拉油 …… 1小勺
- 生菜、黑胡椒碎 …… 适量

做法

1. 土豆洗净，无须沥干，用保鲜膜包好后放入微波炉加热5~6分钟。去皮压碎，加入A拌匀。
2. 把里脊肉铺平，撒上盐和胡椒粉，每片放上1/6的土豆泥，分别卷成卷。
3. 在平底锅中倒入色拉油加热，把肉卷收口朝下放入锅中，煎成金黄色后翻面煎熟。
4. 盘中铺入生菜，盛盘，撒适量黑胡椒碎。

也可以用猪五花肉片。

番茄酱太美味了！老公口味比较重，他是蘸酱油吃的。（布丁）

肉卷很小巧，和肉嘟嘟的大拇指大小差不多。（这样比喻太过分了，讨厌啦！）

超好吃，感谢！今天装在便当里了，没想到冷食也很好吃。（kanakana）

鱼

炸鱼 & 炸薯角

各位，下面出场的是炸鱼 & 炸薯角。（相声搭档吗？）
餐馆里的人气小菜，在家里也可以做。
炸鱼的面衣没有加蛋液，爱偷懒的我能省则省。

> 塔塔酱超赞，质地比市售品略稀，蘸着炸物吃很入味，让人不禁感叹："不得了！太好吃了！停不下来了！"
> （momokichi）

> 边做边吃光了，建议多备一些。

原料 （2人份）

土豆（大个儿的）…………………1个
盐、胡椒粉……………………………适量
新鲜鳕鱼………………………………2块
A 「 小麦粉、水 ………………各3大勺
面包糠、煎炸油……………………适量
B 「 水煮蛋（切碎）………………1个
   蛋黄酱 ………………………1~2大勺
   砂糖、醋、牛奶 ……………各1小勺
   盐、胡椒粉 ……………………少许
番茄酱（根据口味添加）……………适量
平叶欧芹………………………………适量

做法

1. 土豆洗净，切成半月形，过一下水后擦干，撒少许盐和胡椒粉。鳕鱼切成方便食用的小块，撒少许盐和胡椒粉，依次粘裹上混合均匀的A和面包糠。

2. 在平底锅中放入土豆块，倒入煎炸油，没过土豆块的1/2即可。用中小火炸7~8分钟，其间不时翻转一下。捞出土豆块，放入鳕鱼炸成金黄色。

3. 盛盘，搭配混合均匀的B和番茄酱，点缀上平叶欧芹。

> 将土豆块放入冷油中，低温慢炸。

> 鳕鱼肉容易裂开，炸至表面定形前请勿触碰。

Part 5 小酒馆风味下酒菜

白汁红肉

简单摆个盘就可以上桌了，看起来相当有档次。
我的刀工切不出超薄的鱼片，
直接用了切好的刺身鱼片。

> 酱汁很棒！配酒或者配饭都很合适！儿子的碗里堆了好多鱼片，开始还担心他吃不完。(norin)

原料（便于制作的量）

- 水菜 …………… 1 小把
- 大蒜 …………… 1/2 瓣
- A
  - 盐、芥末酱 …… 少许
  - 砂糖 …… 略少于 1/2 小勺
  - 酱油 …………… 1 小勺
  - 橄榄油 ………… 1½ 大勺
- 鲷鱼、鲑鱼（刺身用）
  - ………………… 各 7 片
- 萝卜苗 ………… 1/4 包
- 黑胡椒碎（根据口味添加）
  - ………………… 适量

做法

1. 水菜切成 3 厘米长的小段。大蒜对半切开。把 A 中的食材依次放入碗中，每加入一样后都要充分拌匀。
2. 把大蒜切面紧贴盘子反复擦几次，再间隔着码放上鲷鱼和鲑鱼，摆成一圈。
3. 点缀上水菜和萝卜苗，淋上混合均匀的 A，根据口味撒些黑胡椒碎。

> 用力摩擦，使盘中留下蒜香。去除鱼腥味的同时，蒜味又不会过于浓烈。

蒜香土豆炒章鱼

土豆配章鱼，也算是我的独家组合了。
只是简单炒了一下，看上去却很诱人。
章鱼脆脆的，土豆软软的。

> 原本担心章鱼配土豆太奇怪，没想到非常搭呢。真不愧是山本小姐。(Emily)

原料（2人份）

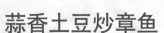

- 土豆 ……………… 2 个
- 水煮章鱼 ……… 150 克
- 大蒜 ……………… 1 瓣
- 橄榄油或色拉油 … 1 大勺
- 盐、胡椒粉 ……… 少许
- 酱油 …………… 1/2 小勺
- A
  - 干欧芹、黑胡椒碎
    - ………………… 适量

做法

1. 土豆洗净，无须沥干，包上保鲜膜用微波炉加热 4 分钟。去皮，切成 6 小块。
2. 章鱼简单切段，大蒜切碎。
3. 在平底锅中放入橄榄油和大蒜加热，倒入土豆块炒成金黄色。加入章鱼快速翻炒一下，撒少许盐和胡椒粉，淋入酱油调味。
4. 盛盘，撒适量 A。

> 撒上甜椒粉（paprika）味道更棒，可惜我家没有。

> 章鱼炒久了会失去脆嫩的口感，大火快炒一下即可。

炖鲷鱼架

大力推荐鲷鱼架，物美价廉。
简单做一下就很好吃，盛出来一大盘。

> 与其说是家常菜，更像是餐厅里的高级料理。很便宜却非常美味，感觉自己的厨艺大有长进。(haru*iro)

原料（2人份）

- 鲷鱼架 …………… 1 份
- 生姜 ……………… 1 小块
- A
  - 酒 ……………… 1 杯
  - 砂糖、味醂 … 各 2 大勺
  - 水 …………… 1/2 杯
- 酱油 ……………… 3 大勺
- 味醂 ……………… 1 大勺
- 萝卜苗 …………… 少许

做法

1. 煮沸一锅水，放入鲷鱼架焯一下，用流水洗去血污。生姜切成片。
2. 另取一口锅，放入 A 煮沸，加入①。盖上锅盖煮 10 分钟。加入酱油，再煮 10 分钟。打开锅盖，放入味醂继续煮 1～2 分钟。
3. 盛盘，点缀上萝卜苗。

> 也可以不加盖，盖一张锡纸代替，只要能长时间保持沸腾状态即可。如果汤汁煮干了，可适当加些水。

> 静置冷却更入味。

蔬菜

番茄黄瓜配金枪鱼

用的都是普通的食材，但摆盘让人惊喜。
没有柠檬的话，用海苔丝也可以。（味道差太多了吧？）

摆得像花一样，朋友以为我手艺很精湛，其实没怎么花工夫。
(spica ☆)

原料	(2人份)
洋葱	1/8 个
金枪鱼罐头	1 罐
A	芥末籽酱、蛋黄酱 …… 各 2 小勺
	砂糖 …… 1/2 小勺
	盐、胡椒粉 …… 少许
番茄	2 个
黄瓜	1 根
蛋黄酱	适量
柠檬片	1 片

做法

1. 洋葱切碎后放入耐热容器中，松松地盖上保鲜膜，用微波炉加热1分钟。金枪鱼罐头沥干，和洋葱一起加入 A 拌匀。
2. 番茄切成半月形，黄瓜用削皮器纵向削成薄片。
3. 盘中放入②，盛上①。挤适量蛋黄酱，再点缀上柠檬片。

> 黄瓜的两端可以吃掉，或者切碎拌在金枪鱼中。

> 柠檬片从中心向外切一刀，折起一角，就可以立起来了。

甜咸煮青椒

传统的菜式，有种怀旧的味道。
快速煮一下可以保留鲜艳的颜色和脆嫩的口感，
也可以任性地煮个稀巴烂。（我外婆最喜欢这种了。）

原料	(2人份)
青椒	4 个
色拉油	1 小勺
A	酒、砂糖 …… 各 1 大勺
	味醂 …… 1/2 大勺
	水 …… 4 大勺
B	酱油 …… 1 大勺
	日式清汤味精 …… 1/2 小勺
	醋（根据口味添加）…… 1/2 小勺
炒白芝麻	适量

做法

1. 青椒去蒂去籽，简单切一下。
2. 在平底锅中倒入色拉油加热，放入青椒翻炒，加入 A，煮 1～2 分钟后加入 B，煮至青椒变软。
3. 盛盘，撒上用手指捻碎的芝麻。

> 美味的秘诀是，先放入甜味调料煮入味，再加入咸味调料。

> 或许加些木鱼花会更好吧。

本想多做些放在冰箱里备着，没想到一下就吃光了……明天再做。
(tibimogu)

炸芋头佐酱汁

把芋头泥裹上土豆淀粉炸熟即可。
摆得有点高，看起来摇摇欲坠。

> 用冷冻芋头做起来更简单，不过要稍稍增加用量。

原料	(1~2人份)
芋头（小个儿的）	5 个
盐	少许
土豆淀粉、煎炸油、白萝卜泥、葱花	适量
A	蘸面汁（2 倍浓缩）…… 1 大勺
	水 …… 2 大勺

做法

1. 芋头洗净，无须沥干，包上保鲜膜，用微波炉加热 4～5 分钟。去皮，压碎，加入盐拌匀，捏成 5 个丸子，裹上土豆淀粉。
2. 在平底锅中倒入 5 毫米深的煎炸油，加热至 170°C，放入丸子，一边翻转一边炸成金黄色。
3. 盛盘，点缀上白萝卜泥，淋上混合均匀的 A，撒适量葱花。

> 丸子表面不够光滑也没关系。

油炸小菜配蘸面汁最棒了！以前很少去居酒屋，自己又不会做，好在有了这个食谱！(yurippe)

Part 5 小酒馆风味下酒菜

鳕鱼子拌土豆泥

把鳕鱼子和土豆泥拌匀，再拌入蒜泥调味即可。
据说很像塔拉摩沙拉①。

原料 (2人份)	做法
土豆 …… 2个 A ┌ 牛奶 …… 1大勺 　├ 色拉油 …… 1/2 大勺 　├ 蒜泥 …… 1/4 ～ 1/2 小勺 　└ 盐、胡椒粉 …… 少许 辣味鳕鱼子 …… 1块 蛋黄酱 …… 1大勺 干欧芹、吐司 …… 适量	1 土豆洗净，不用擦干，包上保鲜膜，用微波炉加热5～6分钟。去皮、压碎，加入A拌匀，放凉。 2 去除鳕鱼子外包裹的薄膜，和蛋黄酱一起加入土豆泥中拌匀。 3 盛盘，撒些干欧芹，配上吐司。

> 用咸鳕鱼子也可以。

> 把食材简单拌了一下，就成了风味小吃，时髦又漂亮。（绫香）

> 配吐司或薄脆饼干都不错。

手撕卷心菜佐蒜香味噌酱

小酒馆里常见的小吃，我很喜欢，就试做了一下。
蘸酱很美味，有了它，再多的卷心菜我也可以一扫而光。

原料 (便于制作的量)	做法
卷心菜叶 …… 3片 A ┌ 味噌 …… 1大勺 　├ 砂糖、味醂 …… 各1小勺 　├ 蒜泥 …… 1/4 小勺 　├ 酱油 …… 少许 　└ 水 …… 1/2 大勺	1 把卷心菜撕成小片。 2 盛盘，配上混合均匀的A。

> 有多少卷心菜我都可以吃光！由此爱上了味噌的味道♡——请原谅我的善变。（小莉）

> 蘸酱配黄瓜也不错。吃不完的话，可以用来炒菜。

甜咸味炸莲藕

把莲藕敲打至裂开，然后掰成块，做法有点粗暴。
炸好的莲藕裹上甜咸味酱汁，鲜脆可口。

原料 (2人份)	做法
莲藕 …… 200 克 土豆淀粉、煎炸油、炒白芝麻 …… 适量 A ┌ 酱油、砂糖、味醂 …… 各1大勺 　├ 醋 …… 1/2 大勺 　└ 姜泥、胡椒粉 …… 少许	1 把莲藕放入保鲜袋中，用擀面棒敲打至裂开，然后顺着裂缝掰成小块，裹上土豆淀粉。 2 在平底锅中倒入5毫米深的煎炸油，加热至170℃，放入莲藕炸成金黄色。 3 另取一只平底锅，倒入A煮沸，再加入莲藕拌匀。盛盘，撒适量芝麻。

> 如果锅中的油基本用完，也可以擦一下继续使用。

> 莲藕块很容易裹上酱汁，也可以作为便当里的配菜。口感脆脆的，让人停不下来。（小正）

① taramosalata，希腊风味的鱼子沙拉，用柠檬汁、土豆泥或面包屑、洋葱末、奶油鱼子酱、莳萝碎拌成。

豆腐

芝麻酱油风味豆腐

啊，好多芝麻！这也许是大家对这道菜的第一印象。
只需要把豆腐盛盘，淋上调味汁，
就能做出这道简单、清爽的小菜。

3块装，一块约200克。

原料 (2人份)

绢豆腐	1小块
炒黑白芝麻	各1小勺
盐	1/4小勺
A ⌈ 芝麻油、酱油	各1小勺

做法

1. 把绢豆腐放入碗中，用手指捻碎芝麻撒在上面。
2. 撒上盐，淋入A。

> 为了避免消化不良，请把绢豆腐彻底压碎，或者慢慢品尝。

> 盛盘、倒上调味料就完成了！能感觉到盐的颗粒感。天冷时可以把豆腐用热水泡一下，很好吃！
> （yukipu）

> 外脆里嫩，口感很地道！不像别的食谱要加土豆泥，超省事。（结衣）

酥软炸豆腐

刚炸好的豆腐热乎乎、圆鼓鼓的，很可爱。
请注意，豆腐一定要彻底沥干水，
以免炸制时油滴飞溅。

原料 (2人份)

木棉豆腐	1块（350克）
冷冻毛豆	10根
胡萝卜	1/3根
干香菇	1朵
A ⌈ 砂糖、酱油、水	各略少于1大勺
B ⌈ 土豆淀粉	1大勺
⌊ 日式清汤味精	略少于1/2小勺
煎炸油	适量
水菜	适量

做法

1. 豆腐沥干水，压碎。毛豆解冻，剥去豆荚。
2. 胡萝卜去皮切成丝，干香菇泡发后切碎。
3. 把②放入耐热容器中，淋上A，松松地盖上保鲜膜，用微波炉加热3分钟。晾至不烫手后滤除汤汁，和B一起加入①中充分拌匀，捏成大小适当的丸子。
4. 平底锅中倒入煎炸油，加热至170℃，放入丸子炸成金黄色。
5. 盛盘，点缀上水菜。

> 可以在空豆腐盒中装满水压在豆腐上，静置至少1小时。

> 用了煎炸法。丸子变硬、定形前请勿触碰。

黄油煎豆腐配木鱼花

把豆腐切成小块，煎得金黄诱人。
甜咸适口，融入了黄油的醇香和木鱼花的鲜美。
小小一块，女儿吃了一口问："这是章鱼烧吗？"
我毫不犹豫地点了点头。（说好的童叟无欺呢？）

原料 (2人份)

木棉豆腐	1/2块
土豆淀粉	适量
黄油或人造黄油	1大勺
A ⌈ 酱油	略多于1大勺
⌊ 味醂	1/2大勺
木鱼花	2大勺

做法

1. 把木棉豆腐切成1.5厘米见方的小块，擦干水，裹上土豆淀粉。
2. 平底锅中放入黄油加热，放入豆腐煎成金黄色。加入A拌匀，撒上木鱼花即可盛盘。

> 不用沥水，但要用厨房纸轻压擦干。豆腐表面发黏，便于后续裹粉、煎制。

> 回味无穷！女儿和老公都大赞好吃！真的有点像酱油口味的章鱼烧。（梅果糖）

> 酥香诱人，我想挤些蛋黄酱。

乳酪

酥脆乳酪

简单到我都不好意思把它写成食谱了。
把乳酪的一面煎脆，另一面保留软滑的口感。
咔嚓咔嚓……好吃得停不下来。

> 很不错！适合下酒，不放黑胡椒碎的话孩子也能吃。
> (key-bee)

原料（2人份）

乳酪片 …………………… 4片
黑胡椒碎 ………………… 适量

做法

1. 把乳酪片平铺在平底锅中，不用倒油，小火煎至底面变脆后盛出，撕成小片。
2. 盛盘，撒适量黑胡椒碎。

> 摄影师问我："有黄的有白的，除了乳酪还加了什么吗？"

奶油乳酪泡菜

酸辣的泡菜搭配乳酪，味道会变柔和，超好吃。
家里没有这两样食材，我是现买的。

原料（2人份）

奶油乳酪 ………………… 45克
白菜泡菜 ………………… 40克
酱油 ……………………… 少许
海苔丝、葱花 …………… 适量

做法

1. 奶油乳酪切成小块，大片的泡菜切成条。
2. 把酱油加入①中拌匀。盛盘，点缀上海苔丝和葱花。

> 不想切泡菜、洗砧板的话，可以挑小片的用。

> 值得做的小菜。开家庭派对时刚端上桌就被抢光了。
> (aabonn)

日式葱香蛋包乳酪

只用了葱花、清汤味精和酱油调味。
请把蛋皮卷成三层，以保持软嫩的口感。
浓郁的乳酪缓缓流出，让人垂涎。

原料（1~2人份）

A ┌ 蛋液 ……… 需2个鸡蛋
　│ 葱花 ……… 需3根香葱
　│ 酱油 ……… 1/2 小勺
　│ 盐、日式清汤味精
　│ …………………… 少许
　└ 水 ……………… 2 大勺
色拉油 …………………… 适量
乳酪片 …………………… 2片
黑胡椒碎（根据口味添加）
　………………………… 适量

> 一个人吃的话，1片乳酪就足够了。

做法

1. 把A拌匀。在平底锅中倒入2小勺色拉油加热，倒入1/3的A，轻轻晃动平底锅摊匀。撒上撕碎的乳酪，卷起，推在远离自己的一端。
2. 在锅中再刷少许色拉油，倒入1/2剩下的A，把①掀起使蛋液流到其底部，再将①向自己这一侧卷起，然后推到远离自己的一端。剩下的A也按照同样的方法摊成蛋皮、卷起。
3. 盛盘，根据口味撒些黑胡椒碎。

> 把松软的蛋包切开，马上流出了好多乳酪，好好吃，好幸福！
> (kumi。)

与烹饪无关的

大家喜欢的生活记事

除了美食，我的博客里还有不少与烹饪无关的生活记事。
在此选录了一些内容，都是絮絮叨叨的琐事，供大家无聊时打发时间。

『清子的料理』

> 清子是我的外婆，94岁了。下面是我小时候她做饭的趣事。

清子平时很少把鸡肉冷冻保存，可只要冷冻了，就从不解冻，总是直接下锅。她把满是冰霜的鸡肉直接放入热油锅中，"砰砰砰"油滴四处飞溅，让人心惊肉跳。（她还踩着小碎步到处走动，家里遍地都是油脚印。）

严重的时候，只听"轰——"的一声，油滴溅到了炉灶上，火苗熊熊窜起。

清子却面不改色，镇定自若地煎着鸡肉，镇定得像靠玩火吃饭的杂技演员。

小时候，我好几次看到火苗冒出了锅边。

虽然火力很大，鸡肉表面都焦了，里面却还夹生。于是她就用大火继续煎，煎出来的鸡肉又干又硬。

鲑鱼的命运也一样。清子把冷冻鲑鱼直接放在烤网上烤，结果油脂大量流失，鱼肉缩成了小小的一块。

她买鲑鱼时从来不看包装上的标签，有时买的是新鲜鲑鱼，有时买的是盐渍鲑鱼。所以吃鱼时她经常说"今天的挺有味道啊"或者"今天的好像没味道"。

不过，这并不是鲑鱼的问题，清子调味时也很随性。精神好的时候，味道会比较正常。

『新开的口腔诊所』

> 这是10年前看牙医的事，后来再也没去过那家诊所，现在也许有所改进了。

一进门就在挂号处按照说明填写了4～5页的问卷，有些问题让人哭笑不得。

"平时什么时间刷牙？""牙齿有什么问题？"这样的问题还好。"对自己的牙齿有自信吗？"呃~这是什么意思？"有人说我笑的时候露出虎牙很可爱"，我应该这样回答吗？又或者虎牙很不招人待见？

还有一些"是否"类选项也让人尴尬。比如"希望牙齿可以变白""在意牙龈的颜色""在意牙垢"……如果都回答"不"，似乎对自我形象太不在乎了。

问卷里提供的各种治疗方案让我有点胆战心惊。

治疗之前，首先要给牙齿拍X光片。要穿上很重的背心，牙齿还要咬着类似海绵的东西。感觉自己的口水要流出来了，心里直喊"糟了糟了"。正在咬牙坚持的时候，这台据说是最新的X光设备就莫名其妙地在脑袋周围转了起来，还响起了轻快的音乐。

什么音乐？好奇怪……怎么突然转起来了？难不成是边转动边拍照？我不行了，拜托快点！正在胡思乱想的时候，机器停了下来，咔嚓——我听到拍照的声音了。（欸，刚才不是停下来了吗？怎么又转了？）

"现在要用小型相机为您的口腔内部拍照了哦~"

口腔内部……等一下，第一次见面就要看口腔内部……在我犹豫的时候，嘴里就被塞进去一大块东西。嘴巴撑得鼓鼓的，好难受，而且估计会很丑吧？（肯定的。）

"拍照时会开闪光灯，请闭上眼睛。"

Oh my God！闭着眼睛、堵着嘴巴，这张照片会不会丑得吓人？我假装若无其事，内心却对在机器旁忙碌的助手小姐肃然起敬。

『买东西时的对话』

去逛服装店时，店员经常会问："今天您想买什么呢？"我总是不知道该怎么回答。（今天是劳动节。）被问到"您还买了其他东西吗"的时候，真的超级尴尬，实在羞于启齿——难不成告诉她们我买了好吃的香肠？

有一天我在商场看短靴，店员问我："您想买短靴吗？"其实我是想买大衣的，顺便看看短靴而已，于是回答："不是……对，是的。"接着又被问："您脚上不是有了吗？"

我低头看了下，觉得脚上这双款式不太喜欢，就随口说没有。她很惊讶地反问了一句"没有吗"，然后似乎觉得自己有点失礼，赶忙补救："您看起来好像已经有不少短靴了……"

欸？从哪里看出来的？不过她说的也对，毕竟我现在就穿着呢。（说了半天，到底是来买短靴，还是买大衣？）

> 很多女性朋友总会觉得衣柜缺一件衣服。不知不觉间，我的衣柜也塞得满满的了。

『关于求职』

我觉得求职期是一段特殊时期。在这期间，既不是学生也不是职员，思维有点特别。

例如，面试时被要求"请说说你的真实想法"，或者"请直白一点"。

我的真实想法是："我希望可以一直当学生玩下去，可我又没钱一直念书，认识到这一点时发现同学们都在找工作，我就跟着找呗。其实还不清楚自己想做什么，就根据工资、工作地点和休假等条件筛选出几十家满意的公司，然后广投简历。贵公司恰好给了我机会，所以请多多关照。"但要是这样说，对方应该不会录用我吧。

"你觉得自己最像哪种动物？请说明理由。"对于这种问题，我也很无措。

"猫，因为我有强烈的好奇心……""长颈鹿，因为我眼光长远……"我好像这么回答过。（好奇心害死了猫。）

有时随口一说，并不清楚那种动物的特性："袋鼠，因为我很好动。"甚至没想到袋鼠的口袋。

对于这个问题，朋友回答："海鸥，因为我会迎难而上。"好像大家都喜欢这种答案。

还有一次我应聘一家咨询公司，试题是：隔壁那家荞麦面馆店大客少，请你分析一下原因。我绞尽脑汁，最后这样写："他家其实不擅长做面，最好吃的是香葱盖饭。"结果当然是落选了。

> 这些求职经历对我来说很珍贵。有一次面试官让把自己比喻成一种颜色，我回答，肤色。

『开车二三事』

3年前拿了驾照，但很少开车，开车时会过度紧张。坐上驾驶座后，感觉自己的视野只有平时的几分之一。（好可怕的新手。）很久没开车了，心里觉得有点怪，可能是因为我左脚踩刹车，右脚踩油门吧。我真聪明，只是左转时脚有点蜷起来了，尽管看上去姿势很完美。

对了，我还知道拖车的绳子上要系一条白布。（祈祷不要抛锚。）

最近去更新驾照时，看了很多事故录像，越看越觉得开车很危险，尤其是右转，行人也很危险。20公里的时速也可以把模型人撞得支离破碎。（吓得咽了下口水。）

行驶在视野较窄的路口。

也许会突然跑出来一个孩子……

也许前面那辆车突发故障停了下来……

也许视野盲区有一辆电动车……有种种可能。

一想到这些，我就不敢踩油门了，车子只能以龟速前行。

也许……我还是不开车为好。

> 后来我勤加练习，基本可以适应各种路况了。不过有时从后视镜看到自己的车，还是会误以为是别人的车，担心追尾。

笑一笑 column ⑤

少女漫画食谱

香葱黄油春卷

原料（4个）

- 香葱·················2根
- 黄油或人造黄油·········1大勺
- 小麦粉···············2大勺
- 牛奶·················1杯
- A〔盐、胡椒粉··········少许
- 芝麻油···············1/2小勺
- 春卷皮···············4张
- 水淀粉、煎炸油·········适量

做法

1
- 隆：长大后一起做春卷吧。这个给你，当作信物。
- 绫：这是什么？包装瓶好漂亮。
- 隆：是水淀粉啊。即使去了东京，我也不会忘记你的。

———— 10年后 ————

- 绫：没时间把香葱切成小段了，要迟到了！（快急哭了。）
- 哒哒哒哒……（切菜声。）咚——（碰撞声。）
- 男：好痛！看着点！

2
- 绫：是你撞过来的啊！人家明明正在用黄油炒香葱！
- 男：小点声。你脸上不是写着要把小麦粉撒入锅中拌匀吗？
- 绫：哼，你那眼神就是要倒入牛奶煮到变稠的意思！
  我建议你用A调味，再淋些芝麻油。
- 男：好痛（尚未从疼痛中缓过来。）

———— 叮铃铃叮铃铃 ————

- 老师：给大家介绍一下新来的同学。山田，快进来。
- 绫：呃，你是今天早上把牛奶煮稠了的那个男生！
- 男：小麦粉黄油女生！
- 老师：怎么，你们早就认识了啊？
- 众人：（调侃地吹起了口哨。）

3
- 老师：安静。刚好绫旁边的座位空着，你就坐那儿吧，等②放凉了就用春卷皮卷起来，
  放入加热至170℃的油锅中炸成金黄色。
- 绫：讨厌……

- 老师：山田，你有没有水淀粉？要抹在春卷边上封口。
- 男：啊，有，我有的。（掏出来放在桌子上。）
- 绫：（……欸？）

Q. 水淀粉的保质期有这么长吗？！
A. 请忽略。这是充满想象力的少女漫画。

Part 6

不一样的元气简餐

吃不够的 丰盛沙拉

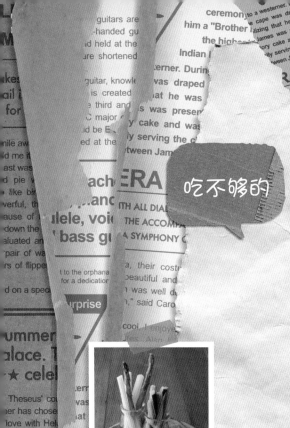

我个人非常喜欢沙拉，漂亮又健康。
很多家庭常备食材有限，
做出的沙拉千篇一律，没有新鲜感。

这里收集了很多沙拉食谱，
看着就让人食指大动，也许你会从此爱上沙拉。 *等你放大招。*
可以头天晚上做好、第二天享用的备用沙拉，
简单的快手沙拉，食材丰富的大份沙拉……
无论是简单的一人食，
还是华丽的宴客菜，都可以轻松搞定。

市售沙拉酱量比较大，经常过了保质期也没用完。
自制沙拉酱则方便得多，刚好一次用完，
只需把调味料混合均匀即可。

在沙拉中加点蒜泥或洋葱泥，
味道会大为不同，不输餐馆。
也可以加少许砂糖，使口感更醇厚，
或者用鸡精提味……

大家可以按照个人口味调整调味料的配比，
自制沙拉酱更合口味，比想象中的更美味。 *好有煽动性。*

常备沙拉

保存期限：
冷藏可保存1周左右

五彩腌蔬菜沙拉

口感脆嫩，酸甜可口，作为下酒小菜再合适不过。
在蔬菜中加入砂糖和醋，腌制半天即可。

原料（容易制作的用量）

胡萝卜、芹菜 …… 各1/3根
红柿子椒、黄柿子椒 …… 各1/4个
黄瓜 …… 1根
莲藕 …… 1厘米长的1段
樱桃番茄 …… 2颗

A
醋 …… 1/2杯
砂糖 …… 6大勺
盐 …… 2小勺
红辣椒（切圈，根据口味添加）…… 1根
水 …… 1杯

做法

1. 胡萝卜去皮，柿子椒去蒂去籽。黄瓜剖成四半，和芹菜一起切成小段。莲藕去皮切片。用竹签在樱桃番茄上均匀地扎些小孔，把备好的食材装入玻璃瓶中。

2. 锅中倒入A，小火煮沸后晾凉，倒入玻璃瓶中。盖紧瓶盖，腌渍半天。

食用前点缀上芹菜叶，看起来更加清新可爱。

加些红辣椒，更适合下酒。

和酒一起端上桌的，没想到一向不喜欢酸味的老公大赞好吃，开心。♪
（小莉♪）

时尚土豆沙拉

这是我做过的最成功的一道菜，以后它就是我家的招牌菜了。
（monchhichi）

模仿记忆中某家餐厅的味道。（就知道你忘了店名。）
美味的秘诀是在土豆泥中加些炒香的蒜末和洋葱泥。

保存期限：
冷藏可保存3~4天

原料（2人份）

洋葱 …… 1/4个
大蒜 …… 1/2瓣
培根 …… 1片
土豆 …… 2个
色拉油、蛋黄酱 …… 各1大勺

A
砂糖、芥末籽酱 …… 各1大勺
醋 …… 1/2大勺
洋葱泥 …… 1小勺
盐 …… 略多于1/4小勺
胡椒粉 …… 少许

干欧芹 …… 适量

做法

1. 洋葱、大蒜切碎，培根切丁。

2. 土豆洗净，不用擦干，直接包上保鲜膜，放入微波炉加热5~6分钟后取出，去皮压碎。

3. 在平底锅中倒入色拉油、大蒜、培根，小火煎至培根变脆，放入洋葱炒匀。把锅中的食材连油一起倒入土豆泥中，加入A拌匀，晾凉，加入蛋黄酱再次拌匀。

4. 盛盘，撒适量干欧芹。

也可以用软管装蒜泥，挤1厘米即可。

加热后将土豆连保鲜膜一起浸入水中，冷却后即可轻松剥去表皮。

味道和地下美食街卖的土豆沙拉一模一样，厉害！（marie）

爽脆可口，不知不觉吃了好多，嗝~（小六）

羊栖菜莲藕沙拉

把蔬菜焯水,然后加入调味料拌匀即可。
想象着地下美食街中沙拉店的味道做出来的。

> 羊栖菜建议用细孔笊篱捞出,以免堵住网眼。

原料 (2人份)

干羊栖菜 …………… 3 大勺
A [砂糖、酱油 …… 各略少于 2 小勺
    盐 …………… 少许]
莲藕 ………………… 80 克
黄瓜 ………………… 1/3 根
B [玉米粒、蛋黄酱 …… 各 1 大勺]

做法

1. 将干羊栖菜用水泡软,焯水后捞出沥干,加入A拌匀。
2. 莲藕去皮,切成半月形,焯一下水,黄瓜切成丝,与B一起加入羊栖菜中拌匀。

> 酱汁和食材很配,吃得很开心。(kyon)

> 照片上配的是叉子,但还是建议用筷子夹着吃。

> 保存期限:
> 冷藏可保存 2~3 天

蘑菇沙拉

味道有点像蒜油香辣意面(peperoncino)。
柠檬汁的用量可根据个人口味调整。
配上冰凉的白葡萄酒和热腾腾的米饭,完美。(奇葩。)

> 热量很低,减肥时也可以吃。多加一点柠檬汁,口感更清爽。(小友)

> 可以选择自己喜欢的蘑菇,总重约300克即可。灰树花菇颜色较深,不喜欢的话可以不放。

原料 (便于制作的量)

蟹味菇 ………………… 1 包
金针菇 ………………… 1 袋
灰树花菇 ……………… 1/2 包
杏鲍菇 ………………… 1 根
大蒜 …………………… 1 瓣
橄榄油或色拉油 ……… 2 大勺
盐 ……………… 略多于 1/4 小勺
酱油 …………………… 1/2 小勺
柠檬汁(根据口味添加)
    ……………………… 1 小勺
A [干欧芹、黑胡椒碎 …… 适量]
柠檬片(切成 4 半)…… 1 片

做法

1. 蟹味菇和金针菇切去根部,灰树花菇撕成条,杏鲍菇切成小片,大蒜切碎。
2. 在平底锅中倒入橄榄油和蒜末,小火炒香后放入蘑菇翻炒,撒些盐调味。蘑菇炒软后淋入酱油,根据个人口味加些柠檬汁。
3. 盛盘,撒适量A,装饰上柠檬片。

> 冷藏保存,食用前加热一下即可。

> 保存期限:
> 冷藏可保存 2~3 天

胡萝卜黄瓜火腿日式沙拉

美味朴素的日式沙拉。美味的关键是要把胡萝卜加热一下。建议把洋葱切成片,切碎的话很难夹起。

原料	(2人份)
胡萝卜(小个儿的)	1根
黄瓜	1/2根
盐	少许
洋葱	1/8个
火腿	1片
色拉油	2小勺
A 酱油	1小勺
醋、砂糖	各略多于1大勺
日式清汤味精	1/4小勺

做法

1. 胡萝卜去皮,和黄瓜一起切成薄片。黄瓜撒上盐,腌5分钟后挤干水。洋葱和火腿切碎。
2. 把洋葱和胡萝卜放入耐热容器中,淋上色拉油,松松地盖上保鲜膜,放入微波炉加热2分钟。
3. 把黄瓜、火腿加入②中,倒入混合均匀的A拌匀即可。

> 把洋葱加热一下可以去除辛辣味。

保存期限:冷藏可保存2~3天

> 用的都是家里现成的调味料,三两下就做好了,超棒!多做一些,放到第二天还是很好吃。(麻友)

牛蒡沙拉

我很喜欢的牛蒡沙拉,只要把蔬菜切成丝,剩下的交给微波炉就可以了。

原料	(2人份)
牛蒡	1/2根
胡萝卜	2厘米长的1段
黄瓜	1/3根
A 砂糖、酱油、味醂	各2小勺
蛋黄酱	1~2大勺
炒黑芝麻	适量

做法

1. 牛蒡刮去表皮,洗净后切成丝,放入水中浸泡5分钟,沥干水。胡萝卜去皮,和黄瓜一起切成丝。
2. 把牛蒡和胡萝卜放入耐热容器中,淋上A。松松地盖上保鲜膜,用微波炉加热3~5分钟,拌匀。
3. 晾凉后滤除汤汁,加入蛋黄酱和黄瓜拌匀。盛盘,撒适量黑芝麻。

> 可以把锡纸卷成球刮除牛蒡表皮(用钢丝球也可以),边刮边冲洗。不要浸泡太久,以免牛蒡的味道和营养流失。

> 喜欢脆嫩的口感的话,加热3分钟即可。加热5分钟会更加柔软。

> 调味很不错,能尝到食材本身的鲜美。正在读小学的儿子一边说"好吃",一边就飞快地吃完了。(gu)

保存期限:冷藏可保存3~4天

Part 6 丰盛沙拉

苦瓜金枪鱼沙拉

经常有朋友问苦瓜应该怎么做，于是琢磨出了这道菜。
用"盐渍+水煮"的方法可以减轻苦味，很适合夏季解暑食用。

> 金枪鱼的鲜美调和了苦瓜的苦味，味道很特别，我都吃上瘾了。（浅江）

> 冬天做的，1根苦瓜花了300日元，心疼！

原料（2人份）

苦瓜	1/2 根
盐	1/2 小勺
金枪鱼罐头	1/2 罐
A { 砂糖、醋、木鱼花	各 1 大勺
酱油	1 小勺
蛋黄酱	1 大勺
炒黑芝麻	适量

做法

1. 苦瓜去籽，切成薄片，撒上盐腌 10 分钟，挤干水，然后放入沸水中煮 30 秒~1 分钟，捞出晾凉，挤干水。金枪鱼罐头滤除汤汁。
2. 把混合均匀的 A 加入 ① 中拌匀，食用前加入蛋黄酱拌匀。
3. 盛盘，撒适量黑芝麻。

> 苦瓜尽量切得薄一些。用盐腌+水煮的方法可以去除大部分苦味。

保存期限：冷藏可保存 2~3 天

油菜猪肉沙拉

我很喜欢油菜，这道沙拉营养丰富，而且花费不多。
做好后放置久了会变色，但美味丝毫不减。
带去公司作为午餐很合适。（你上班吗？）

> 请用力挤干。呜呜，1 小把油菜就变成一点点了。（油菜很便宜，至于吗？）

保存期限：冷藏可保存 3~4 天

原料（2人份）

油菜	1 小把
酒	1 大勺
碎猪肉	100 克
A { 砂糖、酱油、炒白芝麻	各 1 大勺
醋、芝麻油	各略少于 1 大勺
盐	1 小撮
炒白芝麻	适量

做法

1. 将油菜切成小段，放入沸水中煮 1~2 分钟，捞出晾凉，挤干水。锅中的水备用。
2. 在煮油菜的水中加入酒，煮沸后调至小火，放入猪肉煮至变色。关火，捞出猪肉晾凉，挤干水。
3. 把混合均匀的 A 和猪肉加入油菜中拌匀。盛盘，撒适量芝麻。

> 冷却后猪肉的油脂会凝固，第二天吃的话最好用微波炉加热一下。

> 放了芝麻油又撒芝麻，本来担心芝麻味会很重，没想到加了醋很清爽。以后家里又多了一道常备菜。（七色）

鳕鱼子意面沙拉

洋葱和黄瓜经过腌渍很入味。
面条用油拌过不会粘连，可以保存几天。
做好的沙拉呈淡粉色，可爱诱人。要不要现在就吃呢？

> 才知道鳕鱼子可以做成拌面沙拉！意大利面拌上风鳕鱼子，味道很和谐，好吃得停不下来。（*haruru*）

> 不吃辣的话可以改用咸味鳕鱼子。

原料（2人份）

黄瓜	1/2 根
洋葱	1/8 个
盐	1/4 小勺
意大利面	50 克
色拉油	1 大勺
辣味鳕鱼子	1 块
A { 蛋黄酱	1~2 大勺
牛奶	1 小勺

做法

1. 黄瓜切成薄片，洋葱切条，各撒上 1/2 的盐腌 5 分钟。把黄瓜挤干，洋葱用水冲洗后挤干。
2. 意大利面按照包装袋上的说明煮熟，沥干水后加入色拉油拌匀。晾凉，加入 ①、去除表面薄膜的鳕鱼子和 A，拌匀。

保存期限：冷藏可保存 2~3 天

快手沙拉

日式番茄沙拉

日式风味，西式摆盘。
做法简单，看起来非常漂亮，可以作为宴客小菜。
※ 小块的番茄我直接吃掉了。

原料（2人份）

- 洋葱 …… 1/8 个
- A
  - 醋 …… 1 大勺
  - 砂糖、色拉油 …… 各 1/2 大勺
  - 酱油 …… 1 小勺
- 番茄 …… 2 个
- B
  - 黑胡椒碎、干欧芹 …… 适量

做法

1. 洋葱切碎，用水泡一下后沥干，淋上混合均匀的 A，腌制至少 5 分钟。
2. 番茄去蒂，横向切成圆片。
3. 把番茄片摆入盘中，撒上①，再撒些 B。

> 洋葱请尽可能切碎，起码要比照片中的碎。（宽于律己，严以待人。）

> 调味超赞，让人食欲大开。我一个人就能吃光！颜色鲜艳，能为餐桌增色不少。
> （riracana）

五彩蔬菜条

布丁瓶的瓶颈刚好束住蔬菜条。
搭配味噌蛋黄酱美味倍增，一定要试试。
橄榄油不加也可以。

原料（2~3人份）

- 胡萝卜 …… 1/3 根
- 白萝卜 …… 1 小段
- 黄瓜 …… 1/2 根
- 绿芦笋 …… 2 根
- 西蓝花 …… 1/3 棵
- 南瓜片 …… 4 片
- 大蒜 …… 1/2 瓣
- 橄榄油 …… 1 大勺
- 盐 …… 1/4 小勺
- 樱桃番茄 …… 4 颗
- A
  - 蛋黄酱 …… 2 大勺
  - 味噌、砂糖 …… 各 2 小勺
  - 酱油 …… 少许

做法

1. 胡萝卜、白萝卜去皮，和黄瓜一起切成较粗的长条。
2. 芦笋根部去皮，西蓝花掰成小朵。
3. 把②放入耐热容器中，加 1 小勺水，松松地盖上保鲜膜，放入微波炉加热 1 分钟。把南瓜片码放在另一个耐热容器中，加少许水，按照同样的方法用微波炉加热 2 分钟。
4. 把大蒜切碎，和橄榄油一起倒入平底锅中，开火加热，大蒜变成金黄色后连油一起倒入小碗中，加入盐拌匀。
5. 把①、③和樱桃番茄装盘，搭配④和混合均匀的 A。

> 具体用量我也说不准。1/10 根？

> 酱汁带点甜味，绝品！很适合小型派对或者闺蜜聚会，因为颜值高而且很健康（笑）。（chopiroo）

Part 6
丰盛沙拉

手撕蔬菜沙拉

曾经非常流行的一道经典沙拉。
以前喜欢它是因为做法简单，
最近迷上了它的调味汁，绝品！

> 老公总是把不爱吃的沙拉留在最后吃，这次却把沙拉先吃掉了，让我大吃一惊。
> （蟹津绘马）

原料 (2人份)

生菜	4～5片
黄瓜	1/2根
水菜	1小把
A ┌ 芝麻油、炒白芝麻	各1大勺
│ 酱油、醋、砂糖	各1小勺
│ 鸡精	1/2小勺
└ 蒜泥	1/4小勺

做法

1. 生菜撕成小片，黄瓜切成丝，水菜切成方便食用的小段。
2. 盛盘，淋上混合均匀的A。

> 生菜用冰水泡一下更容易撕开。黄瓜要切成粗丝。

> 请务必在食用时再淋上调味汁，以免蔬菜出水、变软。

芥末蛋黄酱芋头沙拉

把芋头煎成金黄色，拌上调味酱即可。
这款调味酱也适合搭配其他富含淀粉的根茎类食材。

> 给孩子吃的没拌调味酱。给大人吃的是拌好的沙拉。都吃光了，家人都很满意！
> （sayumama）

> 用的是中等大小的芋头。如果用冷冻芋头，请增加用量。

原料 (2人份)

芋头	4～5个
色拉油	2小勺
盐	少许
A ┌ 蛋黄酱	2大勺
│ 芥末酱	1/4小勺
│ 日式清汤味精	1/2小勺
└ 砂糖	1小撮
B ┌ 葱花、炒黑芝麻	适量

做法

1. 芋头洗净，不用擦干，直接包上保鲜膜放入微波炉加热5分钟。去皮，切成圆片。
2. 在平底锅中倒入色拉油加热，放入芋头，煎至两面微焦，撒少许盐。盛入料理碗中，加入混合均匀的A拌匀。
3. 盛盘，撒适量B。

> 请盛入容器中再调味，以免蛋黄酱在平底锅中受热融化。

圆白菜培根沙拉

把热培根油淋在新鲜的圆白菜叶上即可，
充分保留了圆白菜中的营养，口感脆嫩爽口。

> 哇噻，道味太棒了！
> （☆ mayo ☆）

> 如果用的是最外层的圆白菜叶，1片就够了。

原料 (2人份)

圆白菜叶	2～3片
培根	2片
色拉油	1大勺
A ┌ 蛋黄酱	2大勺
│ 醋	1大勺
│ 砂糖、酱油	各2小勺
└ 盐	少许
黑胡椒碎	适量

做法

1. 把圆白菜叶撕成小片放入碗中。
2. 培根切成1厘米宽的条，和色拉油一起放入平底锅中，小火炒至培根变脆，趁热连油一起倒入圆白菜中，加入A拌匀。
3. 盛盘，撒适量黑胡椒碎。

> 老公一直说好吃，难不成我以前做的菜很难吃…… （雪子）

大份沙拉

章鱼番茄宴客沙拉

不用开火,把食材装盘,淋上酱汁即可。
做法很简单,色彩搭配非常漂亮。
酱汁风味浓郁,就像精致餐厅的菜品味道。

原料(2~3人份)

- 水煮章鱼 ……………… 100克
- 番茄 …………………… 1个
- 生菜 …………………… 2~3片
- 萝卜苗 ………………… 1/3包
- A
  - 芥末籽酱、砂糖、色拉油 …… 各1大勺
  - 醋 …………………… 1/2大勺
  - 洋葱泥 ……………… 1/2小勺
  - 蒜泥、盐 …… 各1/4小勺

做法

1. 章鱼简单切块,番茄去蒂后切成半月形,生菜撕成小片。
2. 把准备好的食材和萝卜苗装盘,淋上混合均匀的A。

> 把其他调味料混合均匀后再加入油拌匀。

> 摆了半天才摆出丰盛的感觉。

> 非常容易。明明用的是家里普通的调味料,却做出了市售品牌酱汁的味道,好厉害! (秋)

红薯猪肉甜醋沙拉

红薯热乎乎、软绵绵的,入口甘甜。
莲藕口感脆嫩,五花肉甜咸适中。
搭配水菜,多了一缕清爽。

原料(2人份)

- 红薯 …………………… 1/2根
- 莲藕 …………… 5厘米长的1段
- 水菜 …………………… 1小把
- 猪五花肉片 ……………… 80克
- A 盐、酒 ………………… 少许
- 土豆淀粉、炒白芝麻 …………… 适量
- 色拉油 ………………… 4大勺
- B 砂糖、酱油、醋、水 …… 各1大勺

做法

1. 红薯洗净,不用擦干,依次包上厨房纸和保鲜膜,放入微波炉加热3~4分钟,简单切块。莲藕切成片。
2. 把水菜切成方便食用的小段。五花肉切成3厘米长的小片,撒上A,再裹上土豆淀粉。
3. 在平底锅中倒入色拉油加热,放入①和五花肉,煎至肉片变脆后把食材拨在锅的一边。
4. 擦去锅中多余的油脂,加入B煮沸,把锅中的食材拌匀,煮至调味汁变稠后关火。
5. 把④和水菜装盘,撒上芝麻。

> 2岁的孩子看我们吃得很香,也把莲藕塞进嘴里了。 (柚桃)

> 芝麻很加分。 (pocky)

> 我放得有些少,主要起装饰作用。请多放一些水菜,用蔬菜的清爽调和浓郁的口感。

Part 6 丰盛沙拉

香脆培根煎蔬菜沙拉

培根、南瓜、蟹味菇和秋葵的组合带来了丰富的口感。
在橙醋中加入芥末籽酱拌匀，做出的酱汁风味独特。

原料（2人份）

- 南瓜 …………… 1/8 个
- 蟹味菇 ………… 1/2 包
- 秋葵 …………… 6 根
- 盐 ……………… 适量
- 生菜 …………… 4～5 片
- 培根 …………… 3 片
- 色拉油 ………… 2 小勺
- A
  - 橙醋 ………… 2 大勺
  - 炒白芝麻 …… 1 大勺
  - 芥末籽酱 …… 1/4 小勺
  - 砂糖 ………… 1/2 小勺
  - 胡椒粉 ……… 少许

做法

1. 南瓜去蒂去籽，切成薄片。蟹味菇切去根部。秋葵抹上 1/4 小勺盐，在砧板上滚压去除表面绒毛，然后斜着对半切开。
2. 生菜撕成小片，培根切成细条。
3. 在平底锅中倒入色拉油加热，放入①煎至蔬菜变色，撒少许盐调味后盛出。放入培根煎至香脆，用厨房纸擦去多余油脂。
4. 盘中铺入生菜，盛入③，淋上混合均匀的 A。

> 不介意秋葵表面绒毛的话，可以省去这一步骤。

> 用小火慢慢煎熟南瓜。

> 用冰箱里的剩菜做的。把山药也放进去了(笑)。搭配芥末橙醋沙拉酱，完美!
> (sariacchi)

干炸鳕鱼沙拉

用炸鳕鱼做沙拉，好像有点奢侈。
甜咸味的沙拉酱很百搭，配咖喱饭也很合适。

> 用剩下的沙拉酱拌了芥末纳豆，感觉很清爽。以后这就是我的拿手沙拉了。
> (yoko)

原料（2人份）

- 鳕鱼 …………… 2 块
- A
  - 酱油 ………… 1 大勺
  - 味醂、酒、芝麻油 …… 各 1 小勺
  - 盐、胡椒粉 …… 少许
- 土豆淀粉、煎炸油 …… 适量
- 生菜 …………… 3～4 片
- 番茄 …………… 1/4 个
- 紫苏叶 ………… 1 片
- B
  - 醋、炒白芝麻 …… 各 1 大勺
  - 酱油、砂糖 …… 各 1/2 大勺
  - 色拉油 ……… 1 小勺
  - 黄芥末酱 …… 近 1/4 小勺
- 蛋黄酱（根据口味添加） …… 适量

做法

1. 鳕鱼去骨，切成方便食用的小块，用 A 腌 10 分钟。然后裹上土豆淀粉，放入加热至 170℃ 的煎炸油中炸熟。
2. 生菜撕成小片，番茄去蒂后切成小块，紫苏叶切成丝。
3. 把生菜、番茄和鳕鱼装盘，淋上混合均匀的 B。根据个人口味挤些蛋黄酱，撒上紫苏叶丝。

> 鱼肉容易裂开，处理时要轻拿轻放。下锅后请尽量不要触碰。

> 蛋黄酱用量略少，我就点缀了一下。

recipe column ④

三明治

不输面包店的美味三明治，节假日或者家中有客人时可以让你大显身手。
面包的种类、搭配的蔬菜和抹酱都可以选择自己喜欢的。
蛋黄酱的用量可根据口味增减，我不小心把剩下的蛋黄酱都用了。

香肠西蓝花开放式三明治

原料（1人份）

土豆（小个儿的）……1个
莲藕……1厘米长的1段
小茄子、溏心蛋……各1/2个
香肠……2根
西蓝花……1/4棵
色拉油……1大勺
法棍面包（20厘米长）……1/2个
A [蛋黄酱……1½大勺
    黄芥末酱……少许]
乳酪片……2片
干欧芹……适量

做法

1. 土豆洗净，不用擦干，直接包上保鲜膜，放入微波炉加热2~3分钟，去皮，切成圆片。把莲藕和茄子切成片，香肠切成2~3小段。
2. 西蓝花掰成小朵，煮熟。溏心蛋切成方便食用的小块。
3. 在平底锅中倒入色拉油加热，放入①煎熟。
4. 在法棍面包的切面上抹上混合均匀的A，码放上②和③，再铺上乳酪片，放入烤箱烤成金黄色，撒适量干欧芹。

鸡肉土豆开放式三明治

原料（1人份）

土豆（小个儿的）……1个
溏心蛋……1/2个
鸡腿肉……60克
盐、胡椒粉……少许
色拉油……1小勺
法棍面包（20厘米长）……1/2个
A [蛋黄酱……1½大勺
    黄芥末酱……少许]
乳酪片……2片
干欧芹……适量

做法

1. 土豆洗净，不用擦干，直接包上保鲜膜，放入微波炉加热2~3分钟，去皮，切成圆片。把溏心蛋切成方便食用的小块。鸡腿肉抹上盐和胡椒粉。
2. 在平底锅中倒入色拉油加热，把鸡腿肉皮朝下放入锅中，煎成金黄色后翻面，调至小火煎熟。盛出晾凉，切成小块。把土豆放入锅中煎熟。
3. 在法棍面包的切面上抹上混合均匀的A，码放上②和溏心蛋，再铺上乳酪片，放入烤箱烤成金黄色，撒适量干欧芹。

> 将法棍面包对半剖开，取一半即可。

葱香乳酪培根热三明治

原料（1人份）

吐司（厚片）、培根、乳酪片……各1片
蛋黄酱……适量
香葱……适量
色拉油……1小勺
盐、胡椒粉……少许
生菜……1片

做法

1. 把厚片吐司剖成两片，单面抹上蛋黄酱。
2. 培根切成条，香葱斜切成细丝。
3. 在平底锅中倒入色拉油加热，放入②炒至培根变软，用盐和胡椒粉调味。
4. 把③和乳酪夹在吐司中，放入烤箱烤成金黄色。对半切开，盛盘，配上生菜。

> 用力压一下，以免三明治散开。

培根煎蛋绿芦笋三明治

原料（1人份）

- 吐司（厚片）、培根 …… 各1片
- 黄油或人造黄油、盐、蛋黄酱 …… 适量
- 绿芦笋 …… 2根
- 色拉油 …… 2小勺
- 鸡蛋 …… 1个
- 生菜 …… 1~2片
- 黑胡椒碎 …… 少许

做法

1. 把厚片吐司剖成两片，放入烤箱烤至上色，单面抹上黄油。
2. 芦笋根部去皮，培根对半切开。
3. 在平底锅中倒入色拉油加热，放入培根，打入鸡蛋，撒少许盐。把鸡蛋煎至边缘变脆，翻面撒少许盐，煎熟后拨在一边。将芦笋放入锅中煎熟。
4. 在抹了黄油的吐司上抹一层蛋黄酱，依次放上生菜和③，撒少许盐和黑胡椒碎，叠放上另一片吐司。

> 油量较多，可以把食材煎至变脆，颠一下锅即可翻面。

芥末酱油风味鸡肉牛油果三明治

原料（1人份）

- 鸡胸肉 …… 50克
- 酒 …… 1大勺
- 生菜 …… 1片
- 牛油果 …… 1/2个
- 洋葱 …… 1/8个
- A ｛ 酱油 …… 1/2大勺
       味醂 …… 1小勺
       芥末酱 …… 1/4小勺 ｝
- 吐司（厚片）…… 1片
- 黄油或人造黄油、蛋黄酱 …… 适量

> 一小块。

做法

1. 把鸡胸肉放入耐热容器中，淋上酒，松松地盖上保鲜膜，放入微波炉加热1分30秒~2分钟，晾凉后撕成细条。
2. 把生菜切成丝。
3. 牛油果去皮去核，切成片。把洋葱切成片，放入耐热容器中，松松地盖上保鲜膜，用微波炉加热1分钟。用A把牛油果、洋葱和鸡肉拌匀。
4. 把厚片吐司剖成两片，放入烤箱烤至上色。单面抹上黄油，铺上1/2的生菜丝，挤些蛋黄酱，依次叠放上剩下的生菜丝、③和另一片吐司。

虾仁鸡蛋牛油果贝果三明治

原料（1人份）

- 虾仁 …… 4只
- 水煮蛋、贝果① …… 各1个
- A ｛ 蛋黄酱 …… 1大勺
       牛奶 …… 1小勺
       盐、胡椒粉 …… 少许 ｝
- 蛋黄酱、番茄酱 …… 适量
- 牛油果 …… 1/4个
- 黑胡椒碎（根据口味添加）…… 适量

> 轻轻压碎成大块即可。

做法

1. 虾仁煮熟。水煮蛋切碎，加入A拌匀。
2. 把贝果剖成两半，放入烤箱烤至上色，单面抹上蛋黄酱。
3. 牛油果去皮去核，夹入贝果中轻轻压扁。在牛油果上铺上①，挤些番茄酱，根据口味撒些黑胡椒碎，叠放上另一半贝果。

① bagel，一种口感较硬有嚼劲的面包圈，烘烤前面包坯用沸水煮过。

笑一笑 column ⑥ 俱乐部集训食谱

面酥炸鸡肉

原料（2人份）

鸡胸肉 …………………… 1块
A ┌ 酒、酱油 ………… 各1大勺
  │ 砂糖 ……………… 1/2大勺
  └ 姜末、蒜泥 … 各略少于1/2小勺
B ┌ 小麦粉、水 ……… 各5大勺
面酥、煎炸油 …………… 适量
萝卜苗 …………………… 适量

做法

1 领队：我叫冢本，是面酥队的领队。今年有希望冲击冠军，我会对你们严格要求，请做好心理准备！
  全体：明白！
  领队：各就各位，把鸡胸肉放在砧板上"简单切块"。要喊出声来！

  面酥队——！（加油！）（Oh yeah~）（加油！）（Oh yeah~）
  简单切块——！（加油！）（Oh yeah~）（加油！）（Oh yeah~）

  领队：用刀背敲打鸡胸肉的两面！纵向、横向或斜着敲打！把筋切断！
  全体：明白！
  领队：注意！去年这一步时把鸡胸肉切开了，丢了很多分。
  全体：（……紧张地咽口水。）

2 领队：接下来用混合均匀的A腌制鸡胸肉。新队员腌制15分钟就可以了。
  但是，在全国高中生运动会的常胜学校，通常都腌制1小时。
  想得奖的话，至少腌制30分钟！
  去年有的队员只腌了2分钟，完全没有入味，结果自然败北了。
  全体：（……紧张地咽口水。）
  领队：然后依次粘裹上混合均匀的B和面酥。面酥要选原味的。
  去年裹了"章鱼味"面酥，影响了鸡肉的味道！
  全体：明……明白。
  领队：声音太小！喊出声来！

  面酥——！（加油！）（Oh yeah~）（加油！）（Oh yeah~）
  原味——！（最——好！）（最——好！）

3 领队：锅中倒入煎炸油加热到170℃，放入鸡胸肉炸成金黄色就完成了。
  去年加热到了220℃，鸡胸肉一下就焦了。要牢记师兄师姐的教训！
  今年的秘密武器是萝卜苗，点缀一下……完成，满分！

（训练结束，队员陆续离开。）
不良少年团体：（走进教室）喂，冢本！走这么快干什么？
领队：你们……竟然在家务课教室里……穿着粘满泥巴的鞋子！

~待续~

Q. 什么情况？！

A. 不良少年团体来接同伴，他们中有一个人加入了俱乐部。

Part 7 不一样的元气简餐

马虎一点也能做好的

下午茶 & 甜点

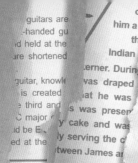

我很喜欢做甜点，它已经成了我生活的一部分。

坦白地说，做甜点还是需要一点耐心的。
准确地称量原料，过筛，在模具中垫烘焙纸……
我也觉得有些麻烦。

> 无法阻挡你对甜点的爱。

这部分收集的甜点连怕麻烦的我也能轻松完成。
原料只需要用量杯和勺子简单称量，
用量不太精确也没关系，备齐即可。

手作甜点满载着浓浓的心意，
有的简约质朴，有的精致可爱，
朋友看到会问我"在哪儿买的"。
每一款做法都很简单，新手也可以试做一下。
外面买的甜点更精致华丽，
但亲手做的甜点有一种特别的味道。

※ 注意，吉利丁粉和泡打粉的用量请尽量准确些。

冷藏系列

> 只用了2大勺砂糖，也很成功。以后还会再做的！（润润）

> 我就是用牛奶做的，滑溜溜的很好吃。（马马）

> 以前没吃过，做好后得到了家人的一致好评。（小哥）

> 焦糖汁的做法：将6大勺砂糖和2大勺水倒入锅中，小火煮至糖水变成褐色。关火，加入2大勺热水拌匀，静置冷却即可。

入口即化的南瓜布丁

不需要用烤箱和量杯，成品有种清甜质朴的风味。吉利丁粉用微波炉加热溶解即可，做法很简单。

> 净重指去皮去籽后的重量，1/8个就够了。

原料（4~5人份）

- 吉利丁粉⋯⋯⋯⋯5克
- 南瓜⋯⋯⋯⋯净重100克
- 砂糖⋯⋯⋯⋯⋯6大勺
- A
  - 蛋液⋯⋯⋯⋯需2个鸡蛋
  - 牛奶⋯⋯⋯⋯⋯1½杯
  - 鲜奶油⋯⋯⋯⋯1/2杯
  - 香草香精⋯⋯⋯⋯少许
- 焦糖汁（根据口味添加）⋯⋯⋯⋯适量

做法

1. 将吉利丁粉均匀撒入3大勺水中泡开，放入微波炉加热30秒使其溶解。
2. 南瓜切成方便食用的小块，放入耐热容器中，加1小勺水。松松地盖上保鲜膜，放入微波炉加热3分钟，碾成泥。
3. 把A中的原料依次加入南瓜泥中，每加入一种后都要混合均匀。加入①拌匀静置，布丁液变稠后再次拌匀，倒入模具中。
4. 放入冰箱冷藏2小时，根据个人口味淋些焦糖汁。

> 南瓜泥会沉淀在底部，入模前需要再搅拌一下。

嫩滑豆浆布丁

不需要用烤箱和量杯，做法很简单，成品口感柔滑。把豆浆换成牛奶，做出来的就是牛奶布丁。

> 用5克一袋的小包装更方便。

原料（4人份）

- 吉利丁粉⋯⋯⋯⋯5克
- A
  - 豆浆（原味）⋯⋯2¼杯
  - 砂糖⋯⋯⋯⋯⋯5大勺
- 香草香精⋯⋯⋯⋯少许
- B
  - 焦糖汁、黄豆粉（根据口味添加）⋯⋯适量

做法

1. 将吉利丁粉均匀撒入3大勺水中泡开，放入微波炉加热30秒使其溶解。
2. 把A倒入小锅中，开火煮至砂糖融化，依次加入①和香草香精拌匀。
3. 布丁液晾凉后倒入模具中，放入冰箱冷藏2~3小时。根据口味加适量B。

> 搅拌至柔滑状态，也可以过一下筛。

> 加些红糖浆风味更佳。

> 用牛奶代替豆浆的话，请适当减少砂糖用量。

绿茶果冻

其实我更喜欢抹茶味的,不过绿茶便宜一些。
一半做成果冻,一半做成冰沙,搭配在一起格外清爽。
加入了黄豆粉,味道有点像蕨饼。

原料（3杯）

- 吉利丁粉············5克
- A [砂糖············4大勺
     水·············2杯]
- 绿茶（茶包）········2包
- B [炼乳（根据口味添加）、
     黄豆粉··········适量]

做法

1. 将吉利丁粉均匀撒入3大勺水中泡开,放入微波炉加热30秒使其溶解。
2. 把A倒入小锅中,开火煮至砂糖融化,放入绿茶茶包,再煮1～2分钟后关火。静置3～4分钟,取出茶包,加入①拌匀。
3. 晾凉,取1/2倒入模具中,放入冰箱冷藏至少2小时。
4. 余下的倒入制冰格中,放入冰箱冷冻1小时以上。用叉子铲碎,盛在③上,根据个人口味加些B。

> 黄豆粉用量很少,我用的是买蕨饼附赠的黄豆粉。

> 觉得颜色太淡的话,煮制时可以用力挤压茶包。

> 冰块很硬,在室温下稍微解冻一下,再用叉子铲碎。

> 超清爽!冰沙脆脆的,果冻凉凉的。(mikatuki)

> 看到照片就喜欢上了,做出来超好吃!（rio）

> 有气泡的果冻,口感太不可思议了!孩子们三两口就吃光了。（烟囱）

碳酸口味果肉果冻

含有微量碳酸的果冻,视觉上给人以清凉感。
加入汽水后要快速拌匀,以免消泡。（考验技术。）
建议选用水果罐头,成品更加甘甜可口。

原料（3杯）

- 吉利丁粉············5克
- A [砂糖············2大勺
     水············1/4杯]
- 汽水（含糖）········1¾杯
- 柠檬汁·············2小勺
- B [草莓、蓝莓·······适量]
- 平叶欧芹············适量

做法

1. 将吉利丁粉均匀撒入3大勺水中泡开,放入微波炉加热30秒使其溶解。
2. 把A倒入小锅中,开火煮至砂糖融化。加入①拌匀,晾凉。把常温汽水逐量加入糖水中,同时不断搅拌,再加入柠檬汁。
3. 取3/4的②倒入模具中,盖上保鲜膜,放入冰箱冷藏20分钟,凝固后加入B。
4. 把剩下的②用电动搅拌器打发至起泡,倒在③上。放入冰箱冷藏1小时,点缀上平叶欧芹。

> 冷藏的汽水一定要在室温下回温。否则在后续步骤中难以打发起泡。

> 糖水一定要静置冷却后再加入汽水,以免消泡。拌匀后要立刻冷藏。

> 水果过早加入的话会沉在底部。

平底锅系列

外婆的炸果子

清子外婆以前经常给我们做炸果子，我很喜欢。
原本想再现昔日的味道，没想到却另有一番风味——
有的没炸透，有的炸煳了，这一点倒是和外婆挺像的。

原料 (20~30个)　　好多！

- A ┌ 蛋液 …………… 需1个鸡蛋
  └ 砂糖 …………………… 3大勺
- 牛奶 ……………………… 3大勺
- 色拉油 …………………… 1大勺
- B ┌ 低筋粉 ………………… 1杯
  └ 泡打粉 ………………… 2小勺
- 香草香精 ………………… 少许
- 煎炸油、砂糖 …………… 适量

做法

1. 把A倒入料理碗中，用打蛋器充分搅拌，依次加牛奶、色拉油，每加入一种食材后都要拌匀。加入B和香草香精，用橡胶刮刀切拌均匀。
2. 在平底锅中倒入煎炸油加热至160℃，用勺子把①盛入锅中，用中小火炸熟。
3. 盛盘，撒适量砂糖。

> 要把粉类原料从高处均匀撒落，使空气充分混入其中。

> 油温160℃时放入面团，会安静地冒小气泡。请用勺子把面团分成小块，用中小火炸，否则容易炸煳。

> 我家孩子也是吃着外婆炸的果子长大的，朴素的味道让人怀念。撒些黄豆粉也很好吃！
> （纱也）

热乎乎的煎饼卷

热乎乎的煎饼卷着香蕉。
建议用保鲜膜裹着吃，否则很容易散开。

> 热乎乎的，奶油入口即化，真好吃。（成美）

原料 (6~8个)

- A ┌ 蛋液 …………… 需1个鸡蛋
  └ 砂糖 …………………… 3大勺
- 色拉油、柠檬汁、打发的鲜
  奶油 …………………… 适量
- 牛奶 ……………………… 3/4杯
- B ┌ 低筋粉 ……………… 1½杯
  └ 泡打粉 ………………… 2小勺
- 香蕉 …………………… 2~3根
- 平叶欧芹 ………………… 少许

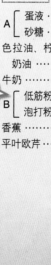

约150克。

做法

1. 把A倒入料理碗中，用打蛋器充分搅拌，加入1大勺色拉油，拌匀。加入牛奶和筛过的B，用打蛋器快速搅拌成面糊。
2. 在平底锅中薄薄地刷一层色拉油，小火加热，取1/8~1/6的面糊倒入锅中，盖上锅盖。冒出小气泡后翻面，把两面煎至金黄。用同样的方法把剩下的面糊做成煎饼。
3. 香蕉斜切成4~5毫米厚的片，淋上柠檬汁。把香蕉片和鲜奶油夹入做好的煎饼中，裹上保鲜膜，静置定形。盛盘，点缀上平叶欧芹。

> 加入粉类原料后简单搅拌即可。有少量面粉结块也不要紧。

> 也可以夹黄油或蜂蜜。

Part 7 下午茶 & 甜点

快手焦糖蛋糕

很多朋友都做过的家常甜点。
用平底锅加热黄油和砂糖，即可做出焦糖层。
原料无须称重，推荐给怕麻烦的朋友。

（约 40~45 克。）

（面粉约 100 克。量取时，一边轻轻振动量杯一边装入。）

原料（适用直径24厘米的平底锅）

黄油或人造黄油……5 大勺
A ┃ 蛋液……需 2 个鸡蛋
  ┃ 砂糖……5 大勺
B ┃ 低筋粉……略少于 1 杯
  ┃ 泡打粉……2 小勺
砂糖、杏仁片……各 3 大勺
糖粉……适量

做法

1. 把 3 大勺黄油放入耐热容器中，用微波炉加热 30~40 秒使其融化。
2. 把 A 倒入料理碗中，用打蛋器充分搅拌，再加入黄油拌匀。加入筛过的 B，用刮刀切拌均匀。
3. 在平底锅中放入 2 大勺黄油，小火加热使其融化，关火。依次加入砂糖和杏仁片，倒入蛋糕糊抹平，盖上锅盖，用小火烤 13~15 分钟。
4. 撒适量糖粉，切成方便食用的小块。

外脆内软，真好吃。（海带）

请务必盖严锅盖，小火煎烤，否则很容易烤焦。

切成扇形不浪费，可我偏爱方块形。

很简单，早上花 20 分钟就做好了，给上幼儿园的孩子当早餐。以后朋友来家里时也要做给她们尝尝！(mikyapu)

准备晚饭时顺便做的，只花了 10 分钟。(maru)

巴西乳酪面包球

外皮酥脆、内芯黏软的乳酪面包球。
用平底锅煎烤，保留了黏软的口感。
有点像年糕！——嘘，这是糯米粉版的。

原料（20个）

A ┃ 糯米粉……1 杯
  ┃ 乳酪粉……2 大勺
  ┃ 砂糖、泡打粉……各 1 小勺
  ┃ 盐……1/4 小勺
牛奶……1/2 杯
色拉油……1½ 大勺
乳酪片……1 片

做法

1. 把 A 放入料理碗中混合均匀，逐量加入牛奶，同时用手揉成一团。
2. 逐量倒入色拉油揉匀，加入撕碎的乳酪，混合均匀后分成 20 等份，揉成小球。
3. 把②码放在平底锅中，盖上锅盖，小火煎 10 分钟后翻面，再煎 2~3 分钟。

如果糯米粉结块，用手捏碎后再揉成团。

有乳酪结块也没问题，后续煎烤时会融化。

乳酪黏稠香软，很好吃！(eri)

也可以用烤箱180℃烤 20~30 分钟。

蔬菜系列

南瓜蛋糕

用碎饼干铺底，表面抹上奶油，做法很简单。
软软的南瓜层、酥香的蛋糕底，带来丰富的口感。

用煮过的南瓜烤的蛋糕居然这么软，连不喜欢甜食的老公也大赞。（小绫）

本以为我和老公吃不完，打算送一些给朋友，结果全吃光了。（Po）

原料（适用直径18厘米的圆形活底模）

全麦饼干	90克
黄油或人造黄油	30克
南瓜	净重350~400克
A 黄油或人造黄油	1大勺
A 砂糖	60克
A 蛋液	需1个鸡蛋
A 朗姆酒	1大勺
A 鲜奶油	130毫升
B 鲜奶油	70毫升
B 砂糖	1大勺
焦糖汁、喜欢的香草	适量

去皮去籽后的重量，1/2个就足够了。连皮煮软，去皮更方便。

做法

1. 把饼干装入保鲜袋中，用擀面棒压成碎屑。
2. 把黄油放入耐热容器中，用微波炉加热30秒使其融化。加入碎饼干中拌匀。倒入铺了烘焙纸的模具中，压平表面后放入冰箱冷藏。
3. 将南瓜切成方便食用的小块，煮软后沥干水，压碎。依次加入A中的原料，每加入一种原料后都要拌匀。把蛋糕糊倒在②上，抹平表面。
4. 把③送入预热至170℃的烤箱烤40~50分钟。晾凉，放入冰箱冷藏至少2小时。
5. 脱模，把B打发至自己喜欢的程度抹在蛋糕表面，淋适量焦糖汁，点缀上喜欢的香草。

可以盖上保鲜膜，用平底杯压平。第3步南瓜简单压碎即可。

用刮刀在奶油表面画圈，使焦糖汁混入奶油中，形成大理石状花纹。

奶油乳酪黄油佐红薯

把红薯煎一下，配上乳酪和黄油即可。
加入坚果，可以享受酥脆的口感和独特的香气。
建议加入原味坚果。

原料（2人份）

红薯（大个儿的）	1/2 个
A { 奶油乳酪	50 克
黄油	1 大勺
砂糖	1 小勺
色拉油	3 大勺
蜂蜜	适量
喜欢的坚果	适量

做法

1. 把红薯洗净，无须沥干，用厨房纸包好，再裹上保鲜膜，放入微波炉加热 4～5 分钟，切成 8 毫米厚的半月形。
2. 把 A 放在室温下回温，加入砂糖拌匀。把喜欢的坚果炒一下，压碎后拌入其中。
3. 在平底锅中倒入色拉油加热，放入红薯煎至两面金黄。
4. 把③盛盘，加上②，淋上蜂蜜。

> 依次包裹上湿纸巾和保鲜膜，可以防止红薯变硬。

> 只放了奶油乳酪，居然做出了咖啡馆里的味道，真是不可思议。（keitan）

> 家里没有烘焙用的坚果，我用的是下酒小吃里的，还是咸味的……

> 用了一个很大的红薯，结果孩子们全吃光了。（mayo）

红薯乳酪条

红薯+乳酪是我最爱的组合。
切面可以看到三层，每一层做起来都很简单。
浓郁的乳酪，甘甜的红薯，酥香的饼干……
一根接一根，一回神发现吃完了。

原料（适用18厘米×13厘米的模具）

全麦饼干	9 块
黄油或人造黄油	30 克
A { 奶油乳酪	100 克
砂糖	30 克
B { 蛋液	需 1/2 个鸡蛋
低筋粉	1 大勺
鲜奶油	50 毫升
红薯（去皮后）	250 克
C { 黄油或人造黄油	3 大勺
砂糖	3～4 大勺
鲜奶油	50 毫升
蛋液	需 1/2 个鸡蛋

> 在室温下回温软化。

> 中等大小的 1 根。

做法

1. 把饼干装入保鲜袋中，用擀面棒压碎。
2. 把黄油放入耐热容器中，用微波炉加热 30 秒使其融化，加入碎饼干中拌匀。倒入铺了烘焙纸的模具中，压平表面，放入冰箱冷藏。
3. 把 A 充分搅拌，依次加入 B 中的食材，每加入一种后都要搅拌均匀。把蛋奶液倒在②上，抹平表面后放入预热至 160℃ 的烤箱烘烤 30 分钟。
4. 把红薯切成圆片，煮软后压碎。依次加入 C 中的食材，每加入一种后都要充分拌匀。加入蛋液，留少许备用。
5. 把④盛在③上，抹平表面后刷上余下的蛋液，用叉子划出纹理。放入烤箱烤至表面微焦，晾凉后放入冰箱冷藏。食用前切成方便食用的长条。

> 铺一层保鲜膜，用平底杯压平。

> 要的就是这种点心。喜欢甜食的老公夸个不停！吃过一次就上瘾了。（良子）

巧克力系列

入口即化的牛奶版松露巧克力

无须加鲜奶油,入口即化。
用微波炉融化巧克力,然后冷藏定形。
巧克力糊非常柔软,不易整形,做好后须筛一层可可粉。

> 请尽量选用可可含量较高的黑巧克力,否则加入牛奶后难以定形。

原料(10颗)

- 黑巧克力 …………… 110 克
- 牛奶 ………………… 3 大勺
- 黄油或人造黄油 …… 1/2 大勺
- 可可粉 ……………… 适量

做法

1. 把黑巧克力切碎,和牛奶一起倒入耐热容器中,松松地盖上保鲜膜,用微波炉加热50秒,拌匀。
2. 将黄油在室温下静置软化,加入巧克力糊中拌匀。用勺子每次取 1/10 盛在烘焙纸上,直至用完所有的巧克力糊。放入冰箱冷藏 1~2 小时。
3. 把②搓成小球,放回冰箱冷藏至凝固定形,筛上可可粉。

> 请在巧克力尚未完全融化时取出,边搅拌边利用余热使其融化。不要长时间加热,否则冷却后无法定形(我的教训)。巧克力未完全融化的话,可以隔水加热。

> 入口即化!简简单单做出好吃的松露巧克力,一点也不麻烦,好感动!(小穗美)

> 以前都是用鲜奶油做的,没想到用牛奶做出来的毫不逊色。(新彦)

香脆曲奇布朗尼

大概是博客上最受欢迎的甜点了,我的拿手之作。
表面的脆皮融合了巧克力的丝滑和饼干的酥脆。
刚出炉的布朗尼非常松软,冷藏 1~2 天后即可定形。

> 印象中用松饼预拌粉做出来的点心都不大好吃,这款却是例外。(maruru)

原料(适用18厘米×13厘米的模具)

- 巧克力 …………… 220 克
- 核桃仁 ……………… 50 克
- 黄油或人造黄油 …… 80 克
- A { 蛋液 …… 需 2 个鸡蛋 / 砂糖 …… 3 大勺 / 牛奶 …… 2 大勺 }
- 松饼预拌粉 ………… 70 克
- 奶油夹心饼干 ……… 7 块

做法

1. 巧克力切碎,核桃仁简单切小块。
2. 把黄油和 1/2 的巧克力放入耐热容器中,松松地盖上保鲜膜,用微波炉加热 1 分钟使其融化。
3. 依次加入 A 中的食材,每加入一种后都要充分拌匀。加入松饼预拌粉,用刮刀切拌均匀,加入核桃仁,再次拌匀。将蛋糕糊倒入铺了烘焙纸的模具中。
4. 把③送入预热至 170℃的烤箱烘烤 25 分钟。趁热撒上余下的巧克力碎,融化后抹平表面,撒上压碎的饼干。
5. 晾凉,放入冰箱冷藏至少半天。脱模,切成方便食用的小块。

> 看起来尚未完全融化,利用余热很快就融化了。注意不要加热太久,否则后果自负。

> 我用的是奥利奥饼干。2 片为 1 块,奶油夹心也用上了。

> 这么容易就做出了情人节甜点,好开心。(猫野)

> 大爱表面的巧克力脆皮!(小胜)

> 请不要用力按压巧克力碎使其嵌入布朗尼中。如果巧克力碎未完全融化,请放入微波炉加热几十秒。

3分钟就能完成的巧克力蒸蛋糕

美食节目中介绍过这道甜点。
咬一口热乎乎的蛋糕，内部的巧克力浆缓缓流出。
试做了35次，终于用松饼预拌粉做出了满意的蛋糕。

原料（适用直径5~6厘米的马芬模具）

A ┌ 松饼预拌粉…………4大勺
　├ 砂糖、可可粉………各1大勺
　└ 色拉油………………少许
牛奶……………………3大勺
巧克力……………2小块（30克）

做法

1. 把A中的原料依次倒入模具中，加入牛奶拌匀，放入巧克力。
2. 不用包保鲜膜，直接放入微波炉加热50秒~1分钟。

> 我以前做的都是蒸糕，你这才是蒸蛋糕呢。（遥）

> 也可以把马克杯当作模具。粉类原料容易沉淀，请用筷子充分拌匀。

> 冷却后会变硬，不建议送人。趁热享用口感最佳。

> 长时间加热会变硬。短时间加热，蛋糕表面膨胀、变干即可，余热会使蛋糕熟透。

> 做好后洗一下筷子和勺子就行了！太棒了！（香凛）

不加鸡蛋的杏仁可可曲奇

口感酥脆，是我做过的最棒的曲奇了。
整形时杏仁片容易凸起，请花些功夫搞定它们。
（其实并没有具体的解决方法。）

原料（25~30块）

黄油或人造黄油……80克
砂糖………………40克
A ┌ 低筋粉………70克
　├ 杏仁粉………50克
　└ 可可粉………2大勺
杏仁片……………40克

做法

1. 让黄油在室温下回温，变软后放入料理碗中，用打蛋器搅打成奶油状。加入砂糖，打发至颜色发白。
2. 加入筛过的A，用刮刀拌均匀。加入杏仁片，拌匀后整形成直径4~5厘米的圆柱体，裹上保鲜膜，放入冰箱冷冻至少15分钟。
3. 把冻好的饼干坯切成8毫米厚的圆片，放在铺了烘焙纸的烤盘中，送入预热至180℃的烤箱烘烤15~20分钟。

> 也可以用等量低筋粉代替杏仁粉，但成品可能不够酥脆。

> 分成2等份更小巧，便于整形和冷冻。

> 不太甜，脆脆的很好吃。（小莉）

> 杏仁+可可，黄金组合！不敢相信自己做出了极品曲奇。（小昌）

> 包着保鲜膜切片更容易。

Part 7 下午茶&甜点

笑一笑 column ⑦ 献给期待好运的你 开运吐司边食谱

根据你的性格、思维和体质，为你定制最合适的开运吐司边食谱。
凭直觉迅速作答，即可找到最适合你的吃法。不想答题的话可以挨个试做一下。

→ YES
→ NO

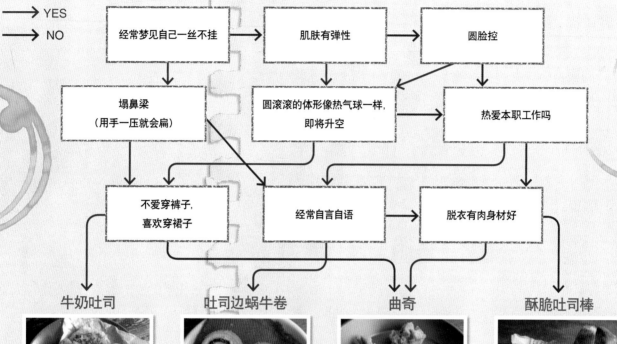

牛奶吐司

原料（1人份）

吐司边 …………… 需2片吐司
⎧ 牛奶 …………… 3大勺
A⎨ 砂糖 …………… 2小勺
⎩
色拉油 …………… 3大勺

做法

1. 把吐司边撕碎，放入A中浸泡2～3分钟。用叉子压碎，整形成方便食用的圆形小块。
2. 在平底锅中倒入色拉油加热，放入①煎至两面金黄。

（吐司边彻底泡软。）

吐司边蜗牛卷

原料（2串）

吐司边 …………… 需2片吐司
人造黄油或黄油、砂糖
　　　　　　　…… 各1小勺
巧克力酱 ………… 适量

做法

1. 把吐司边放入耐热容器中，松松地盖上保鲜膜，用微波炉加热10秒钟。
2. 取4条吐司边，抹上软化的人造黄油，撒上砂糖。其余的吐司边抹适量巧克力酱。每2条吐司边卷成1个蜗牛卷。每根竹签串上2个蜗牛卷。
送入烤箱烤至表面微焦。

（吐司边加热后会变软，卷制时不易裂开。）

曲奇

原料（6个）

吐司边 …………… 需2片吐司
黄油或人造黄油 … 略少于2大勺
砂糖 ……………… 1大勺
小麦粉 …………… 4大勺

做法

1. 把吐司边撕碎。
2. 让黄油在室温下静置软化，用打蛋器搅打成奶油状，加入砂糖混合均匀。加入小麦粉，用刮刀切拌均匀，再加入①拌匀。
3. 把②分成6等份，捏成小块后放在铺了烘焙纸的烤盘中，送入预热至170℃的烤箱烘烤15～20分钟。

（就像是曲奇面团加上面包一起烤的感觉。）

酥脆吐司棒

原料（2人份）

吐司边 …………… 需2片吐司
蛋黄酱 …………… 2大勺
乳酪粉 …………… 1大勺
干欧芹 …………… 适量

做法

1. 把吐司边放入耐热容器中，不用盖保鲜膜，直接放入微波炉加热1分钟。
2. 在平底锅中放入蛋黄酱加热，把吐司边码放入锅中，一边翻转一边用小火煎至香脆。
3. 撒上乳酪粉和干欧芹，盛盘。

（也可以直接用平底锅煎，用时适当缩短。）

承蒙各位的大力协助，我的第 4 本食谱书终于问世了。
宝岛社的主编伊藤、编辑松田、设计师 Sendoud、摄影师松永，
以及参与本书制作的所有人士，在此向你们表示衷心的感谢！

在编写本书的过程中，身边还有很多人默默为我付出了许多。
当我为"笑一笑 column"苦思冥想时，替我出谋划策的朋友们，
在我临时有事、丢下家务的时候，给予理解和支持的妈妈、姐姐，
以及乐观豁达、94 岁的外婆清子。

> 外婆的最爱：照烧汉堡。

在我焦虑不安的时候，是老公贴心劝慰，帮我冷静下来。
无论何时，只要女儿陪在我身边，就是最好的安抚。

> 宝贝女儿，希望咿呀学语的你学会说更多的话。

从众多书籍中挑选了这本书的读者，我的博客粉丝，
以及喜欢晚上喝酒吃点东西放松一下的朋友，
非常感谢各位。

> 和我志同道合。

生活难免有奔波忙碌、悲伤或者一时的失意，
亲爱的朋友，请相信一切波折只是暂时的，
也终将成为过去。

今天的挫折是明天的动力，是宝贵的人生经验。
我还没达到这种境界，这话从我口中说出来好像没什么说服力。
不过希望能遇上高人指点我。

> 你不正在做这样的事吗？

我的生活中没什么大事，最多不过是鸡毛蒜皮的小烦恼。
无论什么时候，不忘感恩，心怀包容，保持一点幽默感，
有时间的话就做点好吃的。我希望自己可以这样轻松地活着。

又扯远了。总之，素未谋面，也不知道姓甚名谁、身处何方的朋友，
如果这本书可以带给您些许快乐，这将是我最大的荣幸。
最后，非常非常感谢你们阅读这本书。

山本优莉

图书在版编目（CIP）数据

不一样的元气简餐 /（日）山本优莉著；高莉译
. —— 海口：南海出版公司，2018.6
 ISBN 978-7-5442-9285-6

Ⅰ.①不⋯ Ⅱ.①山⋯ ②高⋯ Ⅲ.①食谱－日本
Ⅳ.① TS972.183.13

中国版本图书馆 CIP 数据核字（2018）第 077532 号

著作权合同登记号　图字：30-2014-179
syunkon Café Gohan 4 by Yuri Yamamoto
Copyright © 2014 by Yuri Yamamoto
Original Japanese edition published by TAKARAJIMASHA, Inc.
Chinese (Simplified Charactor only) translation rights arranged with TAKARAJIMASHA, Inc.
through Tohan Corporation, Japan.
Chinese (Simplified Charactor only) translation rights © 2014 by ThinKingdom Media Group Ltd
All rights reserved.

不一样的元气简餐
〔日〕山本优莉 著
高莉 译

出　版	南海出版公司　（0898）66568511	
	海口市海秀中路51号星华大厦五楼　邮编 570206	
发　行	新经典发行有限公司	
	电话（010）68423599　邮箱 editor@readinglife.com	
经　销	新华书店	
责任编辑	秦　薇	
特邀编辑	郭　婷	
装帧设计	朱　琳	
内文制作	北京盛通商印快线网络科技有限公司	
印　刷	北京中科印刷有限公司	
开　本	889毫米×1194毫米　1/16	
印　张	6	
字　数	80千	
版　次	2018年6月第1版	
印　次	2018年6月第1次印刷	
书　号	ISBN 978-7-5442-9285-6	
定　价	39.80元	

版权所有，侵权必究
如有印装质量问题，请发邮件至 zhiliang@readinglife.com